最精美的
手编饰物集锦

〔日〕阪本敬子 著　乔 滢 于 勇 译

河南科学技术出版社
· 郑州 ·

目录

Chapter 1

Wrap Bracelet

绕圈手链

绕圈手链是可以在手腕上缠绕多圈的手链。
从皮绳间串珠闪烁的人气梯子形编织手链
以及可作为项链之用的两种类型，
到搭配成套的饰品都会为您一一介绍。

№ *01* Bracelet

方形串珠绕圈手链

帖服于手腕
用方形串珠编织的可缠绕 3 圈的手链。
变换皮绳和串珠的颜色组合，
可以乐享不一样的风格。

How to make — P13 Lesson 1

组扣可是点睛之笔。

变换颜色组合，男女皆宜。

№ *02* Bracelet / Choker / Pierce

海蓝色绕圈手链、配套的项链和耳环

以清爽的蓝色系扮靓的 P04 绕圈手链的海蓝色升级版。
可以一并制作与之搭配、成套佩戴的皮绳项链和耳环。

How to make — P13 Lesson 1（手链）、*P50*（项链、耳环）

像手链和耳环这种饰品，
搭配成套，低调中彰显时尚。

№03 Bracelet / Necklace

海军风绕圈手链

悬垂于多圈缠绕手链之下的
金锚和帆船吊坠，极其赏心悦目。
由刺绣线穿连串珠并编织线结制作而成。
属于可作为项链之用的两种类型。

How to make — P51

伸展开来即可作长项链之用了

№ *04* Bracelet / Necklace

钻石链和裂织布的
绕圈手链、奢华项链

钻石链和雪纺绸布一起做三股辫，
编成足以缠绕 5 圈的手链。
项链的脖颈处和手链制作统一，
与金属质感的串珠交相辉映。

How to make — P52

钻石璀璨闪耀、契合熟女气质的手链
既适于休闲打扮，又适于雅致装扮。

OT 扣也很出彩。

№ *05* **Bracelet**

素朴的绕圈手链

编入仿若宝石的绿松石、紫水晶、赤铁矿石、
白色串珠的可缠绕两圈的手链。
色线穿连串珠扮靓了细细的素朴设计。

How to make — P54

用梯子形编织的技法制作吧

梯子形编织是把串珠
编成梯子形的技法。
学会之后，即可巧妙地利用
各种串珠和素材了。

P04~06 方形串珠绕圈手链

P04~06 的绕圈手链做法相同。此处选择 *P06* 海蓝色的绕圈手链做详细讲解。
其他颜色的制作参照 *P14* 的配色。

材料

- 6mm 捷克方形串珠 33 颗 A 色、22 颗 B 色、22 颗 C 色
- 直径 15mm 贝壳纽扣 1 颗
- 直径 1.2mm 皮绳 1.5m
- 串珠专用线 3.5m

※ 串珠和皮绳、串珠专用线的颜色参照以下内容及 *P14* 配色花样

工具

- 串珠针

完成尺寸

全长约 63cm

※ 根据个人喜好调整长度。基本是缠绕 3 圈的长度

配色花样　　A…33 颗 B…22 颗 C…22 颗 **共 77 颗**

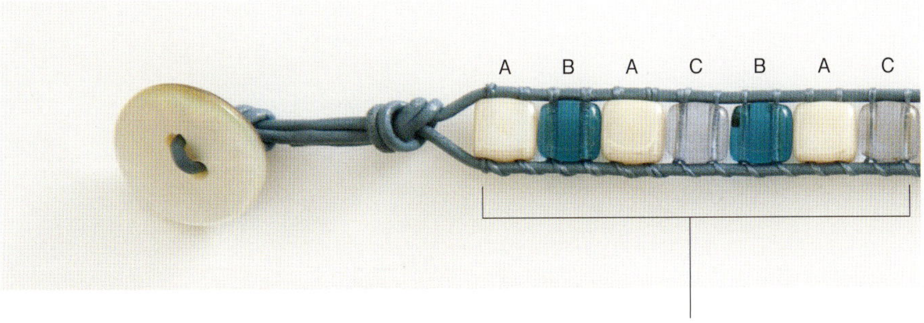

A→象牙色…33 颗
B→蓝色…22 颗
C→透明灰色…22 颗
皮绳→蓝色
串珠专用线→蓝色

☆ 7 颗串珠组成 1 个造型。此造型需重复 11 次。

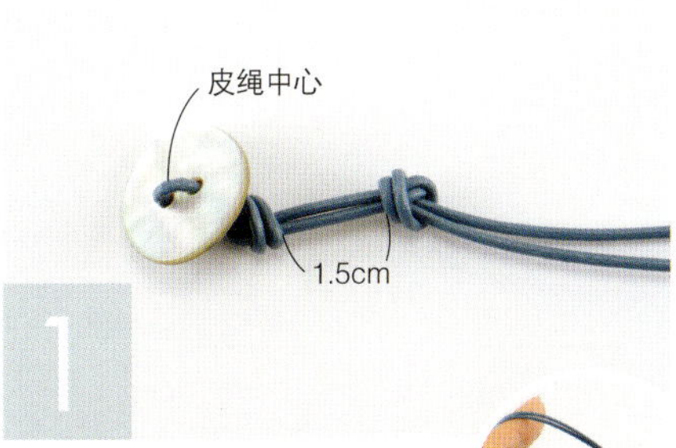

1

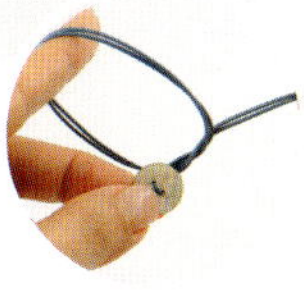

贝壳纽扣穿在皮绳的中心处，首先紧贴纽扣将 2 根皮绳一起打单结，然后在距其 1.5cm 处再次打单结。

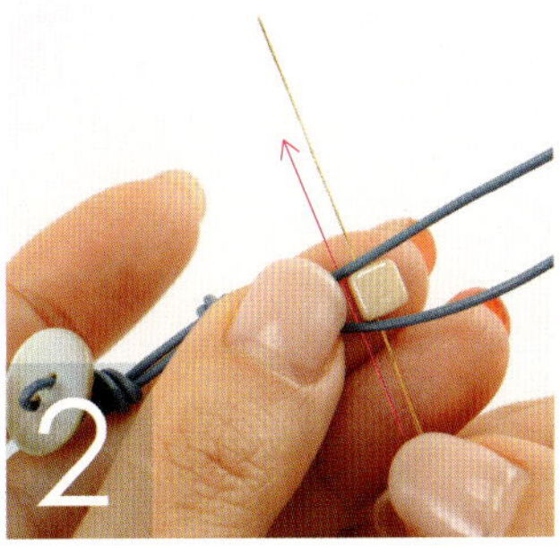

2

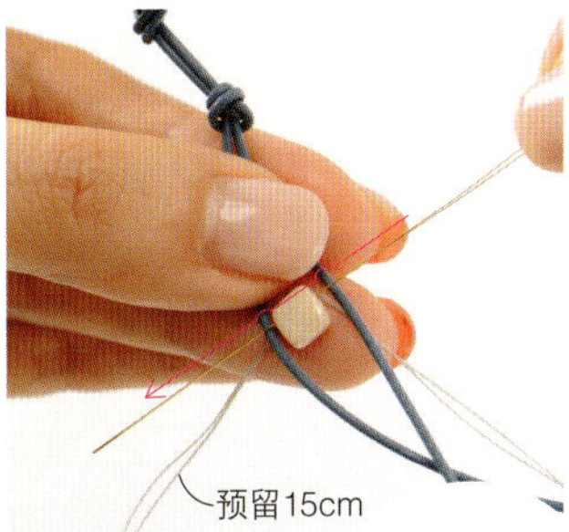

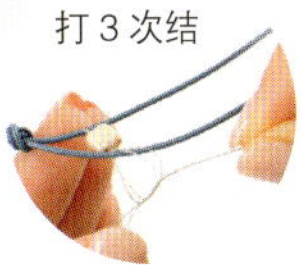

串珠针穿上串珠专用线，单线穿过串珠孔（此时串珠专用线端预留 15cm），夹着皮绳再次返回串珠孔，和预留 15cm 的用线打结、固定。

> **point**
> 穿连串珠的用线通常是走针（由下及上时）要穿过皮绳之下，回针（由上及下时）要穿过皮绳之上。可要留神哦。

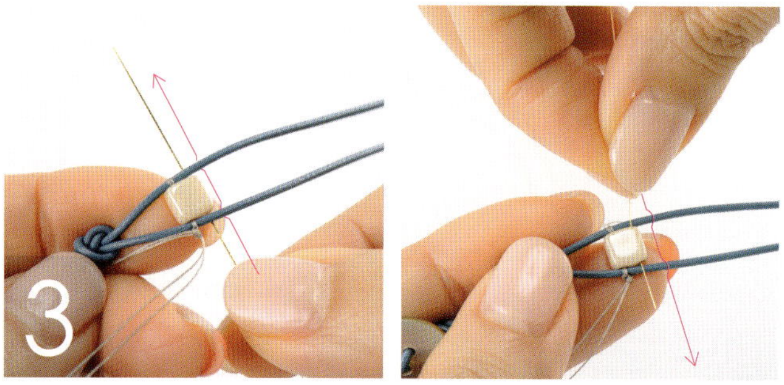

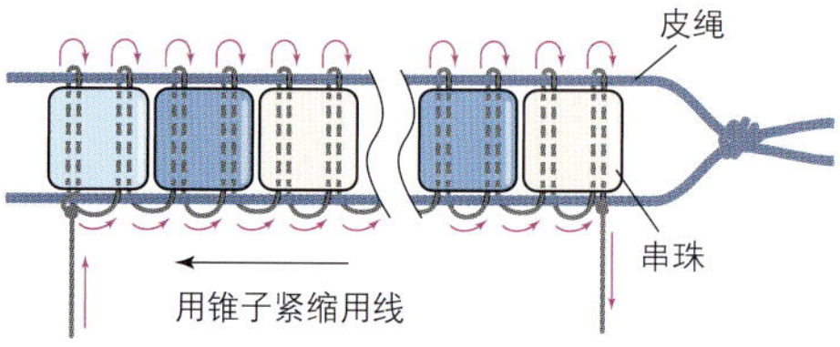

同样，参照*P*13 的图片穿连 A、B、C（组合 A、B、C 三色串珠，7 颗组成 1 个造型，重复 11 次共穿 77 颗）。串珠专用线容易松弛，所以在完成一定长度后，边用锥子紧缩边进行穿连。

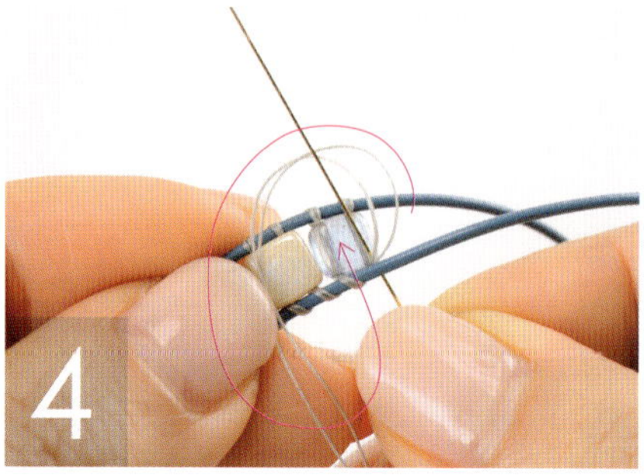

穿过最后一颗 C 后，将串珠专用线在皮绳上打 3 次结（由皮绳之下用针挑起穿线，将线缠绕在针上，之后抽针打结）。然后用针再回穿 2~3 颗串珠，再剪去多余用线。

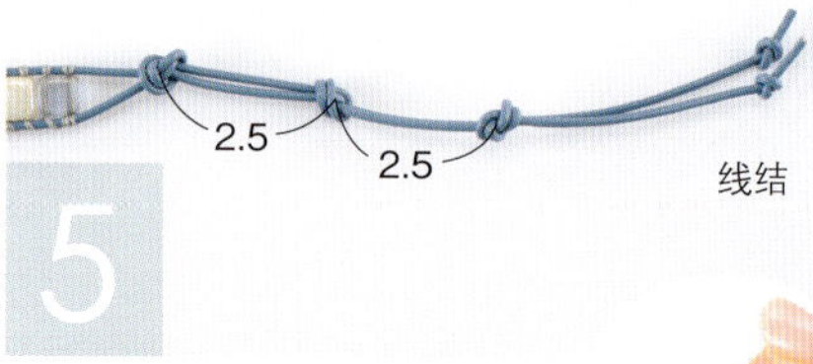

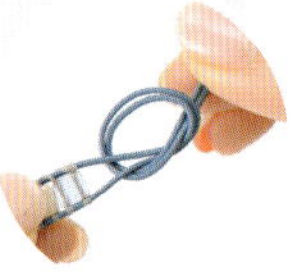

在皮绳的端头处打 3 个线结（如此可调节所喜好的长度），也可根据个人喜好在皮绳的端头处随意打结。

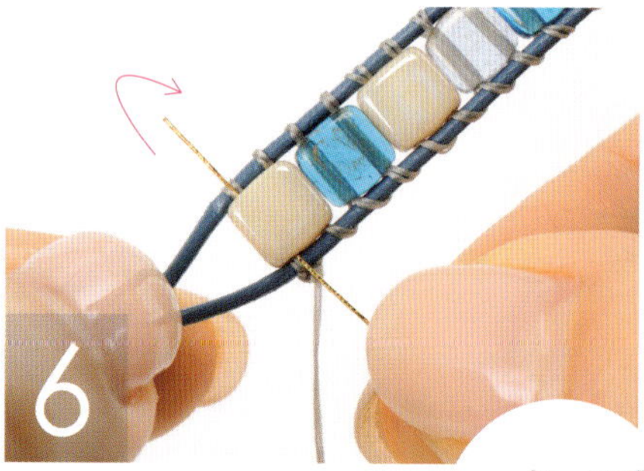

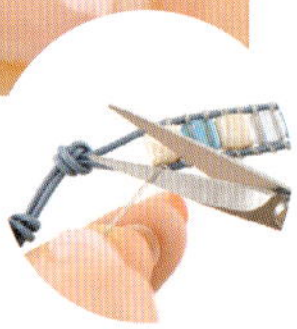

最后，将开始处的线端也穿上针，回穿 1 颗串珠，之后剪去多余用线，完成。

配色花样

A→透明粉色…33 颗
B→金棕色…22 颗
C→蓝褐色…22 颗
皮绳→白色
串珠专用线→白色

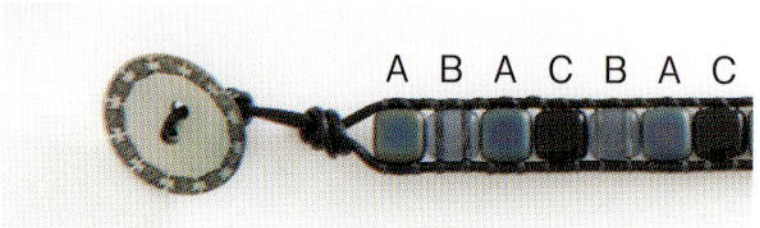

A→金属蓝色…33 颗
B→透明蓝紫色…22 颗
C→黑色…22 颗
皮绳→黑色
串珠专用线→黑色

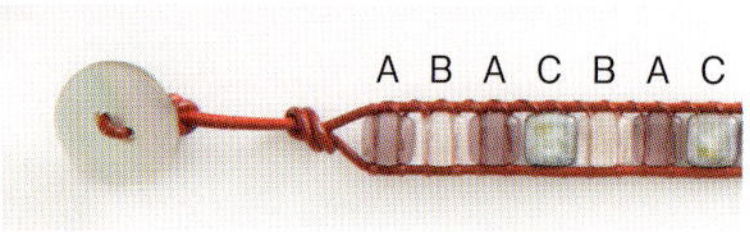

A→透明紫色…33 颗
B→透明粉色…22 颗
C→蓝褐色…22 颗
皮绳→红色
串珠专用线→红色

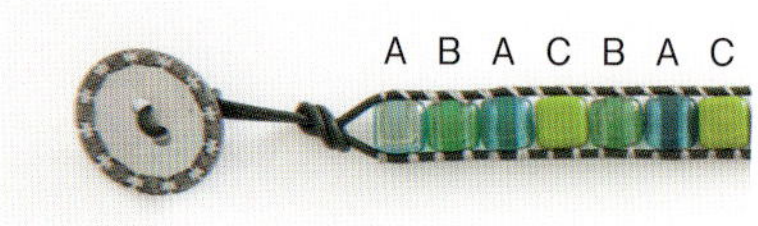

A→透明湖蓝色…33 颗
B→透明绿色 × 金色…22 颗
C→黄绿色…22 颗
皮绳→黑色
串珠专用线→灰色

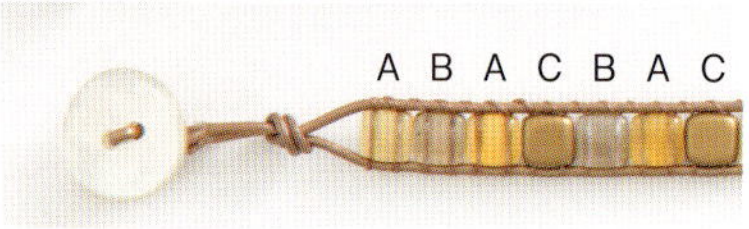

A→透明金黄色…33 颗
B→透明金色…22 颗
C→金棕色…22 颗
皮绳→棕色
串珠专用线→棕色

Chapter 2

Misanga Style

线结编织手链

汇集了又打线结又做编织技法的手链。
麻、皮、布、串珠等各种素材、
各式技法的作品一一为您呈现。
只要领会技巧即可简单掌握打结的技法，所以挑战一下吧。

№ *06* Bracelet

星与十字的麻绳手链

在粗糙的麻绳做成的花式三股辫手链上，
摇摆着星与十字的吊坠。
散发出自然素朴的气质。

How to make — P55

№ 07 Bracelet

蓝色＋粉色、蓝色＋黄色的绣线手链

五色绣线做五股辫
成就了五彩缤纷的漂亮手链。
绣线色彩丰富，
可以乐享斑斓的五颜六色。

How to make — P24 Lesson 2

№ *08* Bracelet

玻璃串珠的三股辫手链

穿连玻璃串珠的金属丝做三股辫，
串珠密集，手链更似手镯。
有切面的玻璃串珠可呈现透明光泽，
适合夏季的装扮。

How to make — P56

№ *09* Bracelet

印花棉布的手带风格手链

印花棉布编三股辫
再以吊坠点饰
戴在手腕上，呈现花田般的唯美与浪漫。
可用印花稀疏的面料，也可用印花稠密的面料。

How to make — P57

№ *10* Bracelet

简约的平结手链

芯线和卷线、两种颜色麻线编织的
简约素朴手链，
可自由调节的别扣也是线结编织而成的。

How to make — P26 Lesson 4

№ *11* Bracelet

带吊坠的平结手链

以吊坠为中心用软线向两侧做平结编织，
手链素朴、时尚。
用您喜爱的吊坠多做几个试试吧。

How to make — P58

№ 12 Bracelet

皮绳四股辫的双圈手链

彩色的圆皮绳做四股辫，
编成立体感十足的双圈手链。
作别扣之用的船锚纽扣非常醒目，
展露简约、大方之气。

How to make — P25 Lesson 3

№ *13* Bracelet / Necklace

皮绳四股辫的长手链

与 P22 相同将圆皮绳做四股辫，
编成可以缠绕多圈的长手链。
作别扣之用的纽扣搭配十字吊坠。
也可作项链佩戴。

How to make — P59

Lesson 2

P17 蓝色 + 粉色、蓝色 + 黄色的绣线手链

蓝色 + 粉色、蓝色 + 黄色制作方法相同。在此以蓝色 + 粉色为例进行讲解。

用五股辫来制作吧

用 5 根绳，一边将两绳端放入
内侧一边进行编织的方法。
记住了方法，制作就会变得简单！

材料

・DMC 5 号刺绣线 5 种颜色 各 150cm
（蓝色 + 粉色…婴儿粉色 948、浅蓝色 927、蓝色 826、珊瑚红色 351、草莓红色 3687）
（蓝色 + 黄色…象牙色 5、浅蓝色 927、蓝色 826、灰色 414、黄色 783）
・直径 15mm 的纽扣（孔径 3mm）1 颗

完成尺寸

全长约 20cm

※ 图片中的数字符号中，带○的指原来所处位置的符号，无○的是手编后的最终位置符号。图片显示完成后的情形。

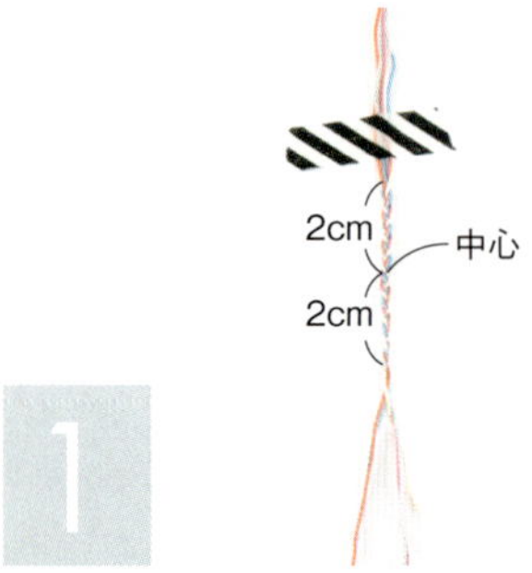

将 5 种颜色的绣线放在一起，距中心 2cm 处的内侧开始分别以 2 色、1 色、2 色编 4cm 长的三股辫，在中心处对折，10 根线一起打单结。此处是套在纽扣上的部分。

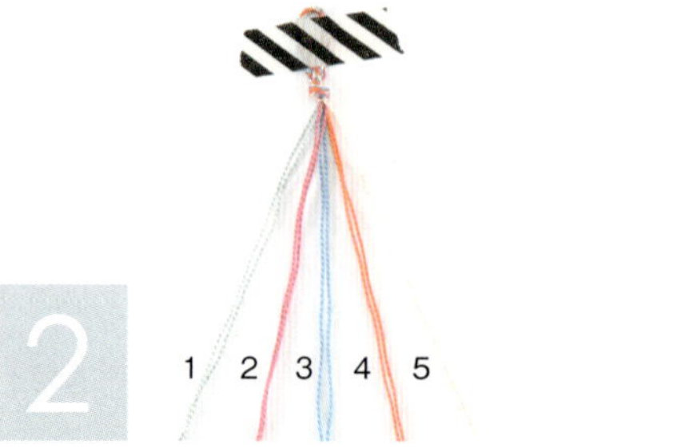

用胶带粘贴固定三股辫部分。将同色的 2 根绣线分别作为 1 股，由左至右分别标记数字为 1、2、3、4、5。

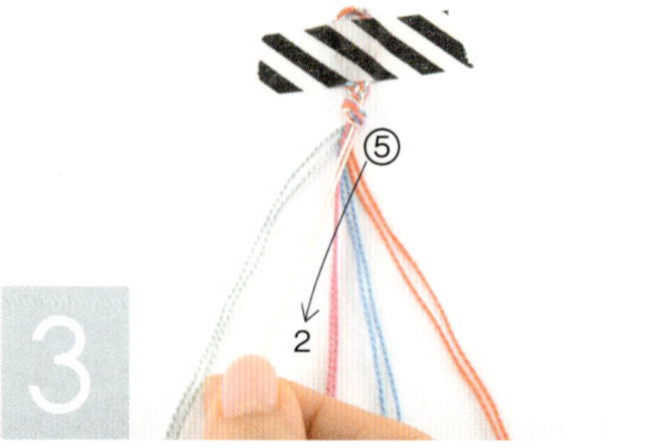

首先将 5 移至 2 处。

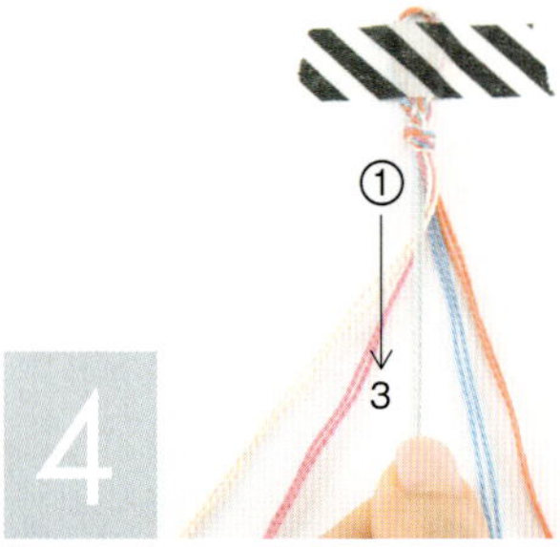

然后将 1 移至 3 处。

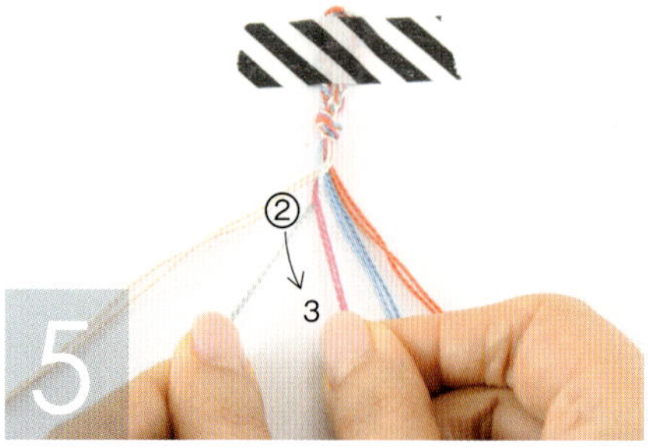

再将现在的 2 移至 3 处。

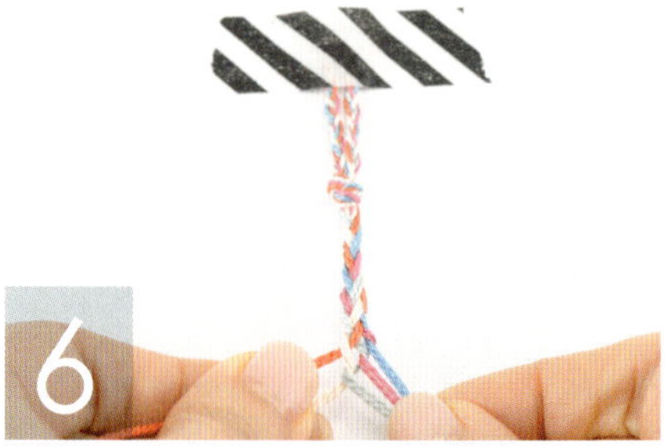

重复步骤 2~5 约 12cm（根据手腕可自由调节）。

point

按照将 5 移至 2、1 移至 3、2 移至 3 的顺序重复进行编织。编织时要尽量保持平整。

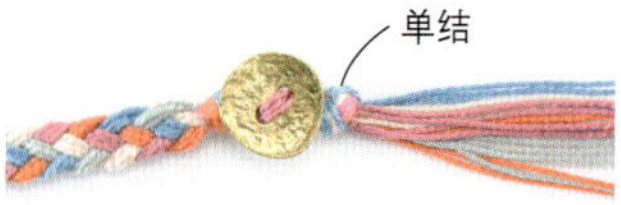

将其中一色绣线穿过纽扣，然后 10 根线一起打单结，完成。

Lesson 3

用四股辫来制作吧

用 4 根绳，一边将两绳端放入内侧一边进行编织的方法。

P22 皮绳四股辫的双圈手链

4 件作品皮绳颜色各异，但制作方法相同。

材料

- 主体用直径 1.5mm 的皮绳（红色 / 象牙色 / 蓝色）125cm 2 根
- 缠绕用直径 1.5mm 的皮绳（驼色）30cm 2 根
- 直径 15mm 的有脚纽扣 1 颗

完成尺寸

全长约 20cm

※ 图片中的数字符号中，带○的指原来所处位置的符号，无○的是手编后的最终位置符号。图片显示完成后的情形（除 6 以外）。

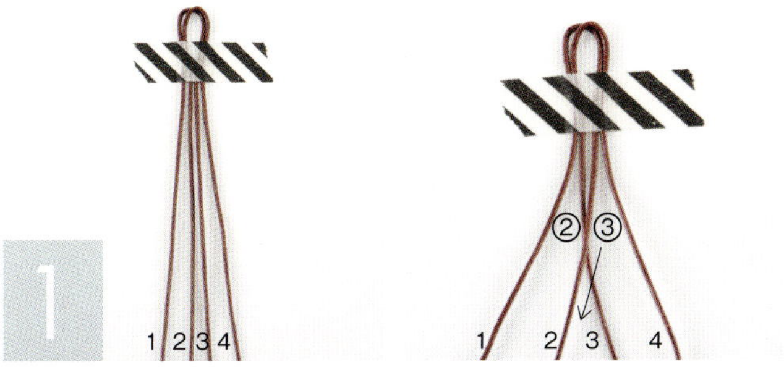

主体用 2 根皮绳一起在中心处对折，并用胶带固定。绳子所处位置由左至右标注数字为 1、2、3、4。首先将 2 与 3 交叉（3 在上）。

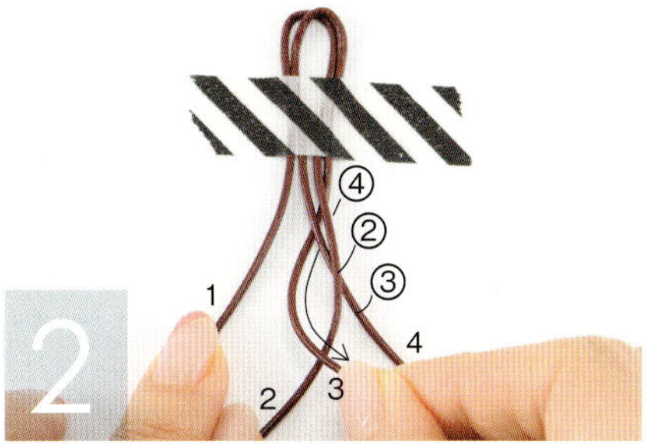

4 从 2 与 3 下，经由 2 上，移至 3 处。

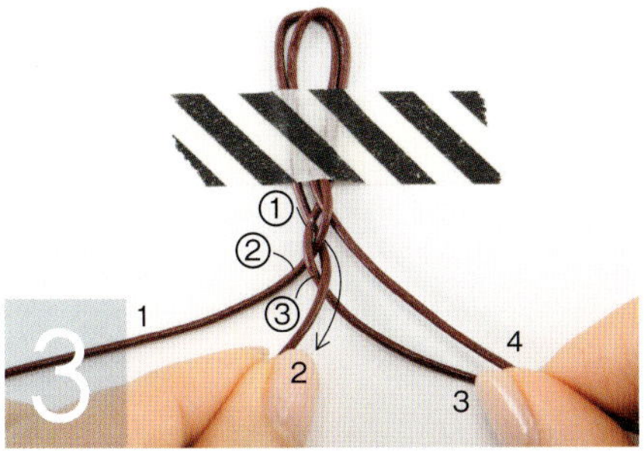

1 从 2 与 3 下，经由 3 上，移至 2 处。

4 从 3 与 2 下，经由 2 上，移至 3 处。

1 从 2 与 3 下，经由 3 上，移至 2 处。步骤 2~5 算作 1 组操作。如此重复编织 34~38cm 长（手腕的 2 倍长）。

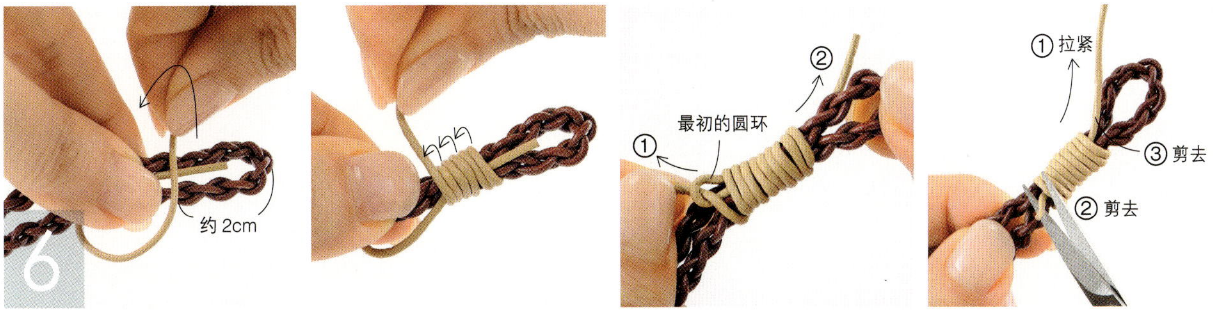

对折完成的编织部分，制作套纽扣的环圈，用缠绕皮绳做固定单结。缠绕用皮绳做圆环状，之后缠绕 10 圈，将绳端穿过最初的圆环后拉紧，并且拉紧另一头绳端使得圆环隐匿在缠绕的绳圈之中，剪去多余皮绳。

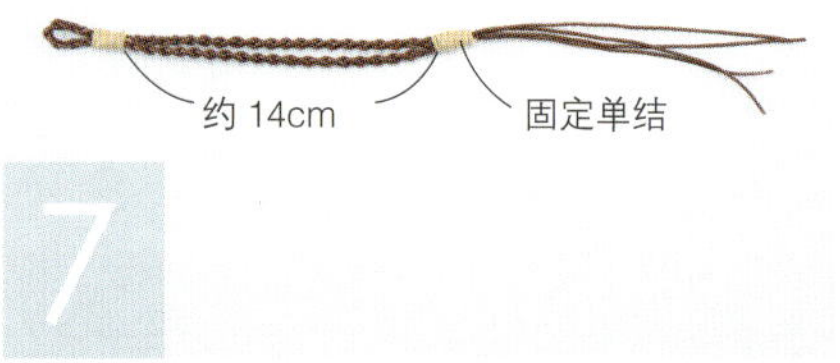

距步骤 6 中固定单结约 14cm 处（根据手腕粗细可作调节），与步骤 6 相同方法做一固定单结（此时要剪去步骤 1 中开始处的圆环，将其藏入固定单结中）。

将其中一根皮绳穿过有脚纽扣，之后 4 根一起打单结。

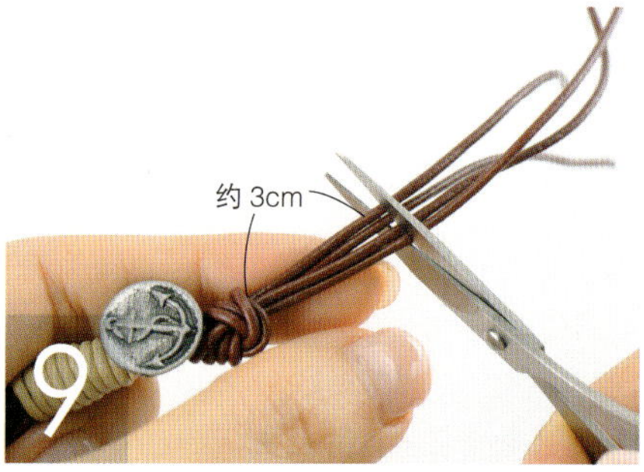

留出 3cm，剪去多余皮绳。完成。

Lesson 4

用平结来制作吧

在芯线上将左、右线编织出平面的线结。可尽享双色编织的乐趣哦。

P20 简约的平结手链

3 件作品制作方法相同。芯线都是海蓝色，变换卷线颜色进行制作。

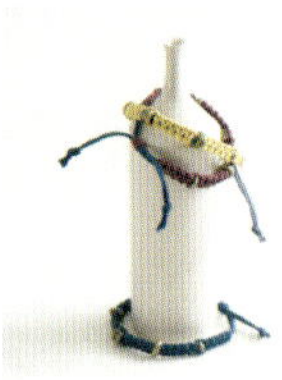

材料

- 芯线用麻绳（海蓝色）100cm 2 根
- 卷线用麻绳（黄色 / 海蓝色 / 酒红色）80cm
- 金属串珠 A（直径 8mm × 6mm 筒形）1 颗，金属串珠 B（直径 9mm × 4mm 面包圈形）2 颗，金属串珠 C（直径 6mm × 3mm 面包圈形）2 颗

完成尺寸

全长约 20cm（可以调节）

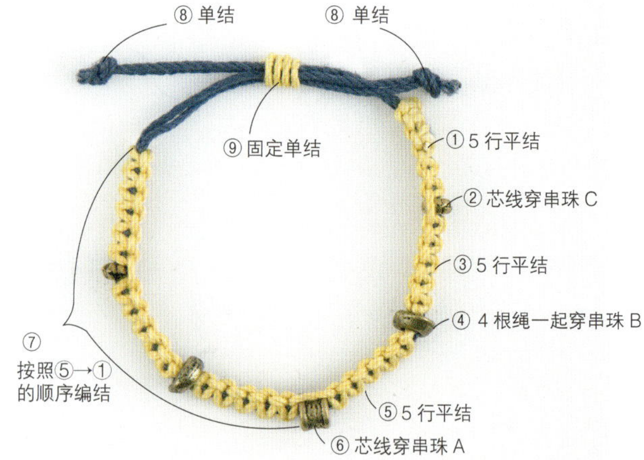

2 根芯线一起上、下分别用胶带固定，卷线环绕芯线，在卷线中心处打结。

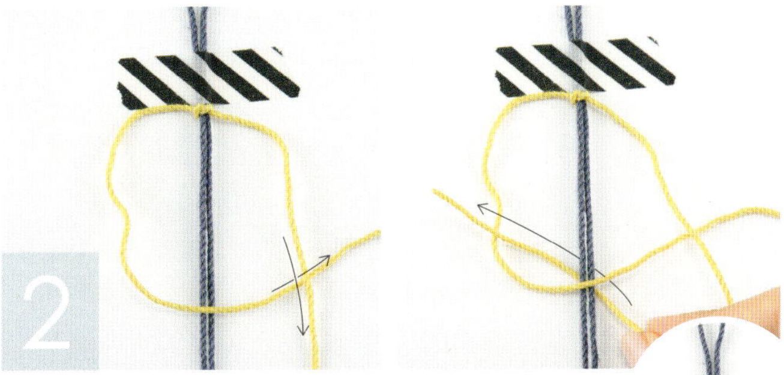

首先将左侧线拉向右侧，其上与右侧线十字交叉。之后将右侧线经由左侧线和芯线之下，拉向左侧线的上方。

然后与步骤 2 相反，右侧线与左侧线十字交叉，之后将左侧线经由芯线和右侧线之下，拉向右侧线的上方。到此完成 1 行（左右打结成 1 行）。

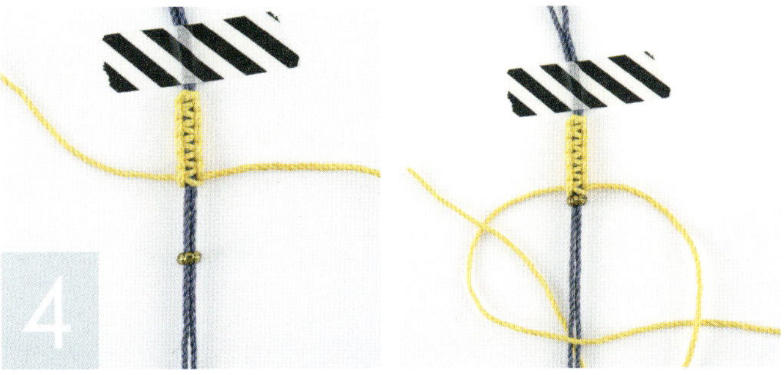

编完 5 行后，仅用芯线穿金属串珠 C。之后重复步骤 2~3 编织 5 行。

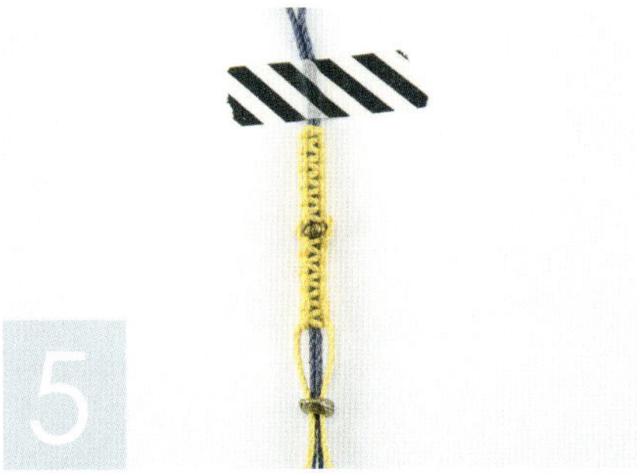

芯线与卷线 4 根一起穿金属串珠 B。之后再编织 5 行。与 C 相同仅用 2 根芯线穿金属串珠 A。

穿过 A 后，参照 *P*26 图片，按照⑤→①的顺序编织。用钩针将卷线末端拉入 2 ~ 3 行线结内，剪去余线。

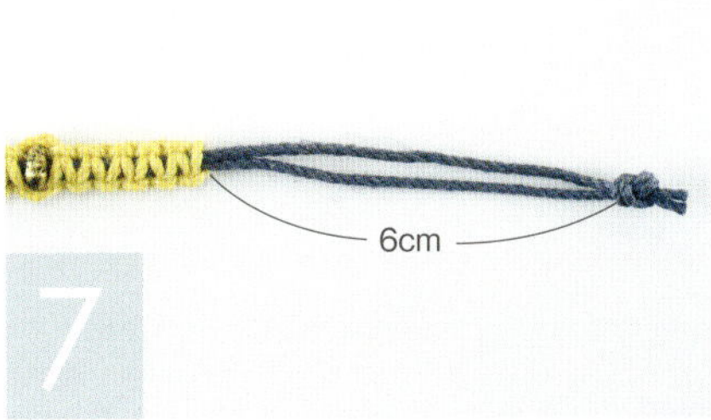

在约 6cm 之处将芯线线端做单结（参照 *P*65）。剪去余线。

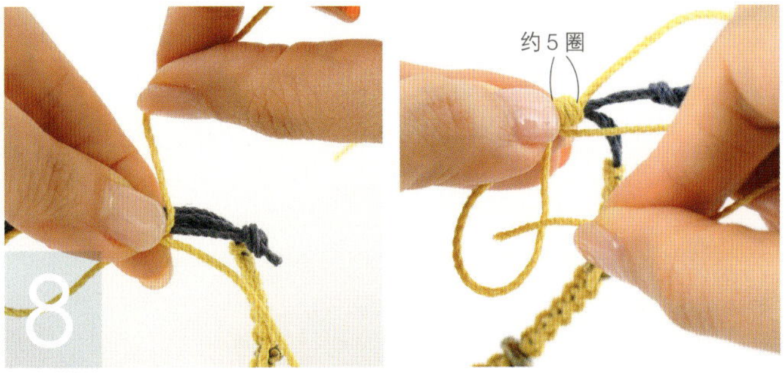

叠放芯线，编固定单结（参照 *P*25 的步骤 6）。

为防线绳绽开，用牙签之类的工具涂抹黏合剂后，剪去余线。

Column 1

乐享多重混搭

将各种手链混搭佩戴，会更加绚烂多彩。

乐享随心情而变的混搭时光吧！

为您介绍使用本书作品混搭的不同风景。※（　）内是作品详细介绍的页数

高原圣地

宽幅手链搭配印花棉布的手链和缠绕于金属丝上的手链。绿色作基调，荡漾着成熟气质的高原圣地风（P45、19、42）。

清爽的海上运动

海之吊坠和方形串珠手链搭配不同材料的绣线手链。白色＋蓝色混搭劲吹清爽海洋风（P8、04、17）。

蓝天下的远足

酒红色绕圈手链和手带映衬着印花面料的蓝色。完全异质材料的手链组合散发着时尚的气息（P04、19、20）。

欣赏歌剧的淑女

棉质珍珠（cotton pearl，是将棉花压缩成球状后外刷涂料的人造珍珠）和钻石链彰显尊贵。黑色也适于稍微正式的场合（P46、32、21）。

扮靓去逛街哦

优雅的钻石链和裂织布手链夹于湖蓝色绕圈手链和十字平编手链之间，清新、自然（P12、10、21）。

男士佩戴也自然

黑色和海蓝色手链映衬着绿松石，男士也可混搭佩戴。特别推荐此款组合送给男士作礼物（P23、30、44）。

Chapter 3

Jewelry Style

珠宝手链

手链使用天然石和棉质珍珠制作，更显高雅。
素材自不必说，作别扣之用的闪烁纽扣、
镀金的吊坠，若再考究细节，
就更契合熟女气质了。

№ *14* Bracelet

高雅的绿松石手链

绿松石手链制作简单，仅需穿在一起。
船锚吊坠摇曳的贝壳和
各种石头的组合混合石手链
皆是金属丝穿制而成。

How to make — P38 Lesson 5（眼镜结）、*P60*（绿松石）

用金属丝以眼镜结的技法制作完成。

纤巧细腻的绿松石手链，混搭佩戴也很时尚。

No 15 Bracelet / necklace

棉质珍珠古典手链与长项链

仅需简单穿制的手链和项链中，
钻石气质的纽扣成为耀眼的点缀。棉质珍珠由于
是由压缩棉镀上珍珠涂料加工而成的，
所以质地轻盈，佩戴舒适。

How to make — P62

项链既可以缠绕2圈佩戴，也可直接作长项链佩戴，
更可以多层缠绕作缠绕手链之用。

№ *16* Bracelet / Ring / Pierce

棉质珍珠休闲手链及其配套的耳环和戒指

只需将线绳穿过棉质珍珠打结编织。
配套的耳环和戒指
需用造型别针把棉质珍珠或串珠垂于底环之上。

How to make — P64

№ *17* Bracelet / Brooch

胸针、手链

在毛毡底布上施以串珠绣
做成形状可爱的胸针。
在背面穿上丝带，
系在手腕上即可作手链之用了。

How to make — P66

作手链、胸针都很时尚。

Lesson 5

用眼镜结来制作吧

相连之处
做成眼镜状，
使用金属丝
穿连串珠的方法。
因为金属丝可拧转固定，强度大，
比起 T 字针、9 字针的制作
更细腻、精巧。

P30 高雅的绿松石手链

以下介绍使用“眼镜结”的技法制作的 2 款作品。

材料

混合石
- 约 10mm 的黄色萤石 4 颗
- 约 6mm 的棕色淡水珍珠 4 颗
- 约 8mm × 6mm 水滴状红色沙金石 4 颗
- 13mm 24k 金色 OT 扣 1 组
- 直径 4mm14KGF 金色圆环 4 个
- 26 号金属丝（金色）100cm

贝壳
- 约 8mm 椭圆形中空贝壳串珠 12 颗
- 11mm × 9mm 18K 金色锚吊坠 1 个
- 直径 4mm 14KGF 金色圆环 4 个
- 5mm14KGF 金色弹簧扣 1 个、14KGF 金色连接扣 1 个
- 26 号金属丝（金色）100cm

工具
- 尖嘴钳（尖端是圆的）
- 平嘴钳
- 老虎钳

完成尺寸

全长约 19cm（混合石）、18cm（贝壳）

配色花样

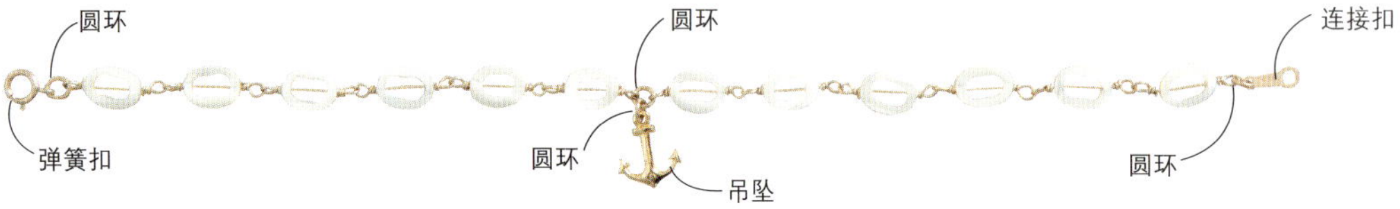

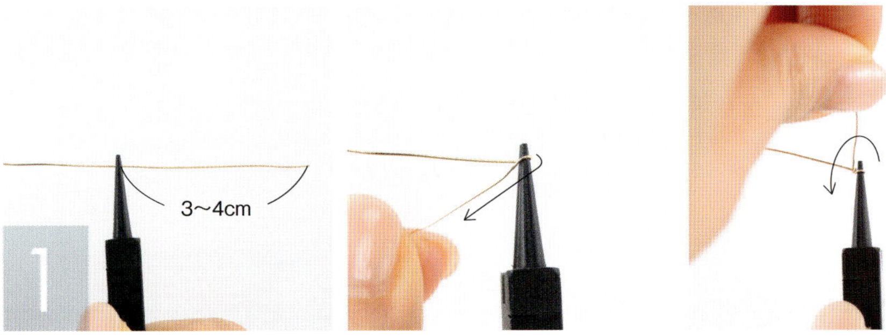

尖嘴钳夹着距长 100cm 的金属丝右端 3~4cm 处，沿钳子的圆弧左旋，在长金属丝上向下卷 2 圈（此时紧邻圆头尖嘴钳处与长金属丝卷成直角）。

移开尖嘴钳后形成 1 个环。紧邻环剪去较短一侧的金属丝。

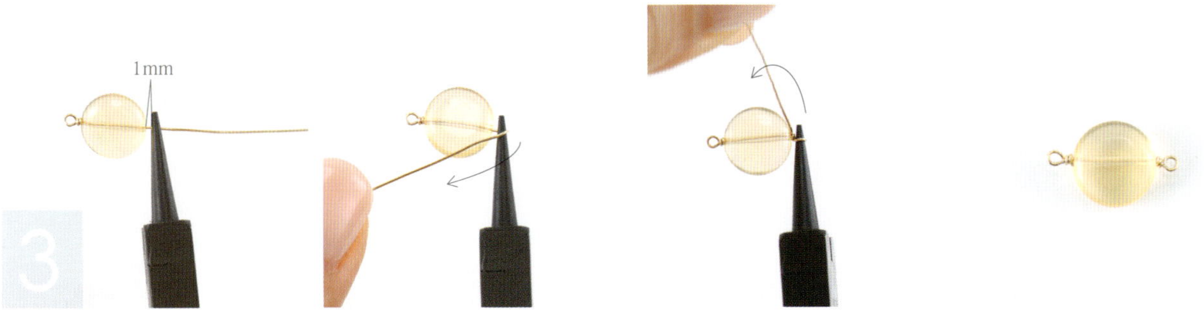

参照 *P38* 穿第 1 颗串珠，尖嘴钳夹着距穿过金属丝的串珠 1mm 处，与步骤 1 相同方法卷 2 圈。剪断金属丝，完成第 1 个眼镜结。

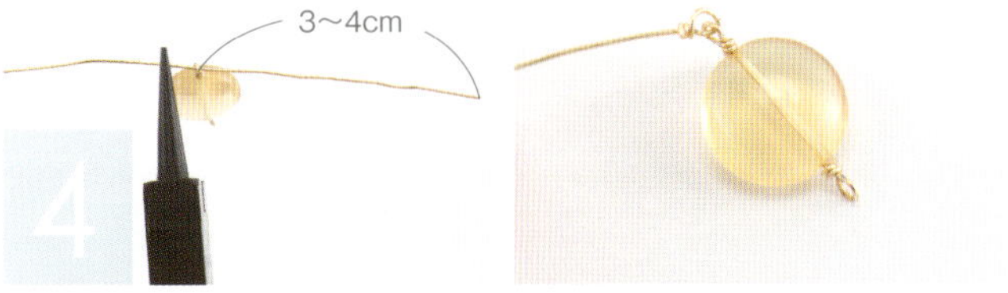

眼镜结的环里穿过 3~4cm 的金属丝，与步骤 1、2 相同方法用尖嘴钳制作环，并剪去多余之处。参照 *P38* 串珠编排用金属丝将串珠穿连起来。

贝壳…
手链中心处圆环连接眼镜结，然后再用圆环将锚吊坠悬在圆环上。→圆环的安装方法参照步骤 5。

串珠穿连完毕后，用圆环在两端安上别扣。打开圆环（使用尖嘴钳将其上下而不是左右错开），穿过眼镜结和 OT 扣后闭合圆环（闭合时上下闭合）即完成制作。

贝壳…
用圆环将连接扣和弹簧扣安在别扣上。

Column 2

简单编结的手链

“将绳带在手腕上简单编结”，即做成超炫手链。

丝带等线绳手链近年来在国外名流之间很是流行。

混搭的刺绣色是最佳点缀。

混搭手链

缎带

缎带像玻璃纱，手感柔和，
手工染制，色彩缤纷。用您喜欢的颜色，
装饰上吊坠，试着做一个手链吧。

混搭手链

丝带

全部是丝绸质地的丝带。缠绕 2 圈并点缀上圣母马利亚的神奇勋章，系于手腕上。简约、自然。

【缎带的缠绕方法】

自然缠绕

1 拇指和食指抓着缎带的一端，将长长的缎带层层缠绕在手腕上。
2 缠绕完毕后与手指抓捏的另一端打结。
3 打结后的两端一起塞入缠绕好的缎带中。
4 缠绕几下即可完成。

对折后缠绕

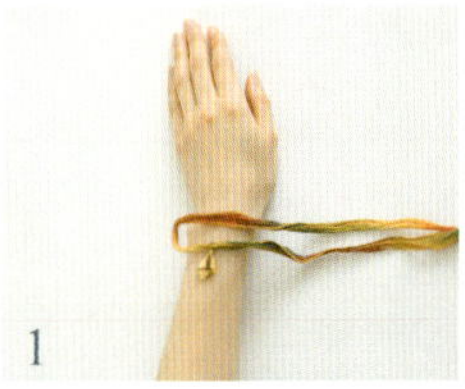

1 缎带对折后放在手腕上（如穿吊坠，吊坠应置于手腕中心处）。
2 缎带从步骤 1 中的环中传过。
3 2 条缎带一起做多层缠绕。
4 两端头一起塞入缠绕好的缎带中。

Chapter 4

Ethnic Style

民族风手链

略带异域风情的
民族风手链汇集一起。
用色及素材稍显热辣，
但均为适于日常佩戴的设计。

№ *18* Bracelet / Choker

缠绕于金属丝上的手链和项链

看似编织而成，实则是将穿连米粒珠的金属丝
缠绕在环圈上制作而成的。
改变串珠的颜色和顺序，
即可轻松收获多彩的手链和项链。

How to make — P61

缠绕与手链相同色彩的串珠，做一条项链。

№ *19* Bracelet

梯子形编织的民族风手链

组合长短相异的串珠，
配上起伏的波浪线，时尚、靓丽。
与 *P*04 绕圈手链制作技法虽然相同，
但是不同的素材却呈现不同的风韵。

How to make — P68

№ 20 Bracelet

梯子形编织的时尚手链

宽宽的手链是用梯子形编织的技法
将米粒珠编在 3 条皮绳之上。米粒珠色彩丰富，
所以可以尽享颜色的缤纷组合。

How to make — P69

No 21 Bracelet

钻石链与缠线手镯

黄铜手镯上叠放钻石链，
并用刺绣线缠绕而成。
刺绣线无论是单色
还是彩色都很漂亮。

How to make — P70

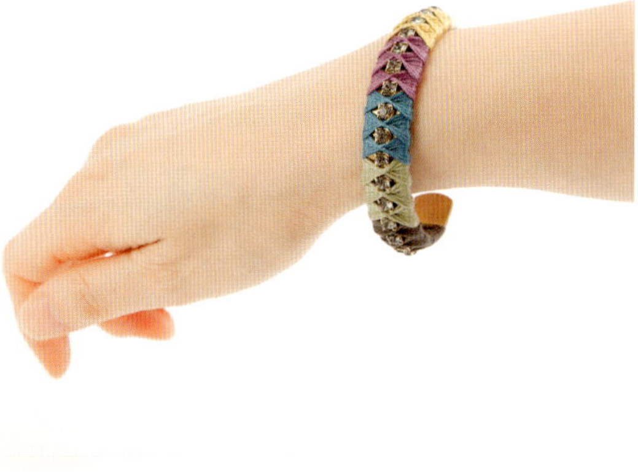

Column 3

突出别扣

因为是戴在手腕上的饰品，所以如果能突出别扣的点缀，

作品气质会陡然提升，更加引人注目。

根据手链的气质，选择佩戴吧。

组扣别扣

手链的一端做成环，另一端穿过组扣。不穿的旧西装上的组扣材质好，做别扣很适用。

用金属组扣、人造钻石组扣更炫。

用木质组扣、贝壳组扣等天然材料，更质朴、大方。

OT 扣

由圆环和小棒组合而成。小棒挂在圆环上进行固定的别扣类型。设计多样、小巧可爱，是手链的炫目点缀。

金属饰件

作为饰品组成部分的别扣，可选择 14K 金材质的，或选择古典风格的配色，突出素材和颜色，手链气质会大大提升。

合金饰件的种类

卡扣
像子母扣似的可以扣合。可单手操作，特别推荐用于手链。

弹簧扣
牵拉凸起之处开闭环圈，套在另一端的连接扣上。

龙虾扣
与弹簧扣一样。由于形状酷似龙虾，故名为龙虾扣。

工具和材料　仅介绍书中所用素材及工具

Materials

【线绳】

刺绣线
色彩丰富，是制作手带类手链的必需品。

皮绳
皮质线绳。书中使用筒状圆皮绳。

麻线
100% 麻线。材质感显著，适于手带类手链。

TOHO Amiet
100% 尼龙的饰品制作用线。既有弹性又有光泽，不用串珠针也可顺利穿连。

串珠专用线
100% 尼龙的串珠专用线。书中用于梯子形编织手链。

【饰件】

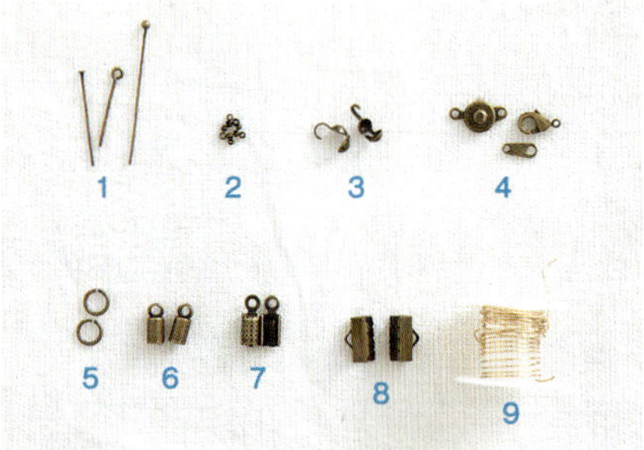

1 T 字针、9 字针／串珠穿连完毕后与其他配件相连或悬挂之用。有 T 字针头的 T 字针、弯卷的 9 字针以及将 T 字针头做了各种变形的针具。**2** 小挂圈／用钳子可将其拉开固定串珠和配件。**3** 包线扣／用于始编处与止编处的配件。**4** 别扣／参照 P47。**5** 圆环／用于连接配件。**6** 固定扣／用于处理绳端。绑上连接线的绳端塞入其中进行固定。**7** 铆接固定扣／与固定扣一样用于处理绳端。它可以包卷绳端进行固定。**8** 马口夹／用于处理丝带或扁皮绳等有一定宽度的绳端。**9** 金属丝／用于穿连串珠或需金属丝的手作。

【串珠】

1 棉质珍珠／非常轻，具有珍珠光泽的棉质材料的串珠。**2** 米粒珠／貌似植物种子的玻璃串珠。**3** 捷克串珠／产自捷克的玻璃串珠。形状多样。**4** 回火抛光串珠／高温稍稍熔化玻璃串珠的切割表面，光泽更加耀眼炫目。多为捷克制造。**5** 天然石／贝壳或绿松石等天然材质的串珠。形状、种类丰富多彩。还有人造石。

【吊坠】

装点设计的饰品配件。多种多样。用 T 字针或 9 字针悬垂，或直接穿在手链上。

【其他】

1 钻石链／闪烁的钻石相连而成的链子。**2** 耳环圈。**3** 手镯。**4** 指环圈。**5** 胸针。**6** 纽扣／作别扣之用。

Tools

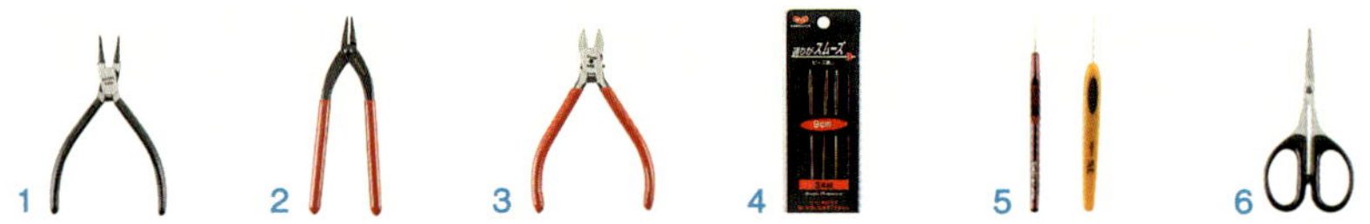

1 尖嘴钳／尖端是圆的，用于弯折金属丝或 T 字针。**2** 平嘴钳／扁平头的钳子。用于错开或扩展环圈。**3** 老虎钳／用于剪断金属丝。**4** 串珠针／穿连串珠的专用针。**5** 锥子、钩针／用于线绳的处理或精细的手作。**6** 剪刀／用于剪断线绳之类。

How to make

书中所标尺寸只是大约的长度（制作者的力度不同，长度也会有所变化）。

先测量自己手腕的周长，之后再制作长度合适的手链。

与 Lesson 技法相同的作品参照 Lesson 所在页进行制作。

饰件的安装方法详见 *P*71。

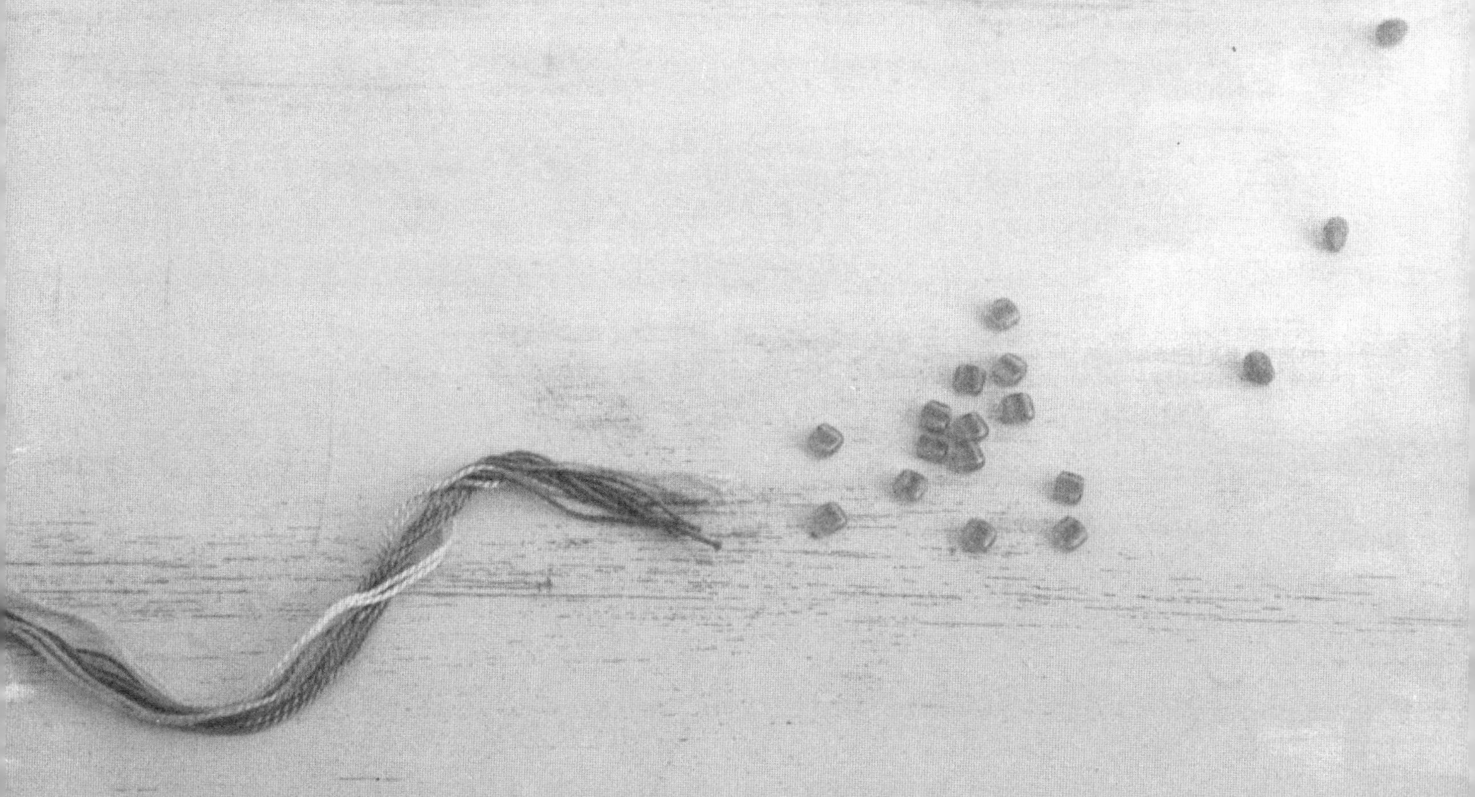

№ 02

配套的项链和耳环

材料

【项链】
6mm 捷克方形串珠（象牙色）5 颗、（透明灰色）6 颗、（蓝色）4 颗，合金饰件（直径 5mm 面包圈形）20 个、（长 13mm 筒状）2 个，0.7mm × 30mm 的 T 字针 18 根，直径 4.5mm 的圆环（暗金色）2 个，铆钉（暗金色）2 个，龙虾扣（暗金色）1 个，调节链（暗金色）1 个，直径 1.2mm 的皮绳（湖蓝色）38cm

【耳环】
6mm 捷克方形串珠（象牙色）4 颗、（透明灰色）4 颗、（蓝色）6 颗，合金饰件（直径 5mm 面包圈形）28 个，圆球（暗金色）2 个，直径约 2.5mm 树脂耳环圈（古铜色）1 组
※ 使用尖嘴钳、平嘴钳、老虎钳

完成尺寸
项链 全长约 38cm
（使用调节链可 +6cm）
耳环 高约 3.5cm

耳环

1. 将串珠穿在耳环配件上

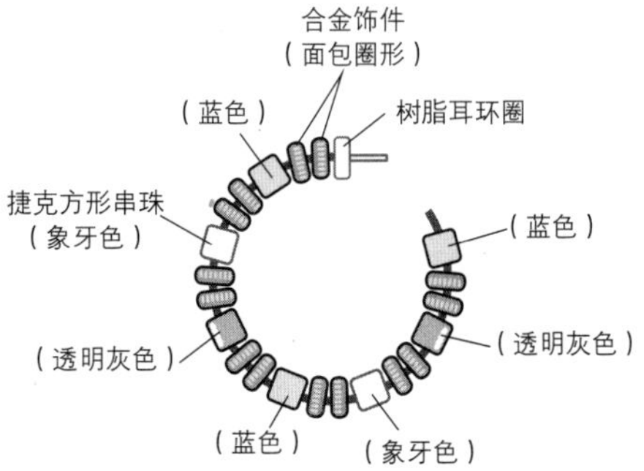

2. 用黏合剂固定圆球

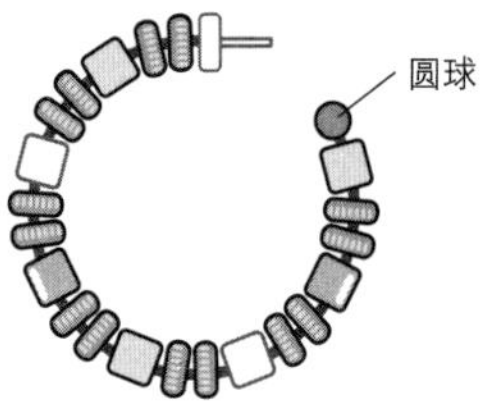

※ 用相同方法再做 1 个

项链

1. 分别制作各个饰件

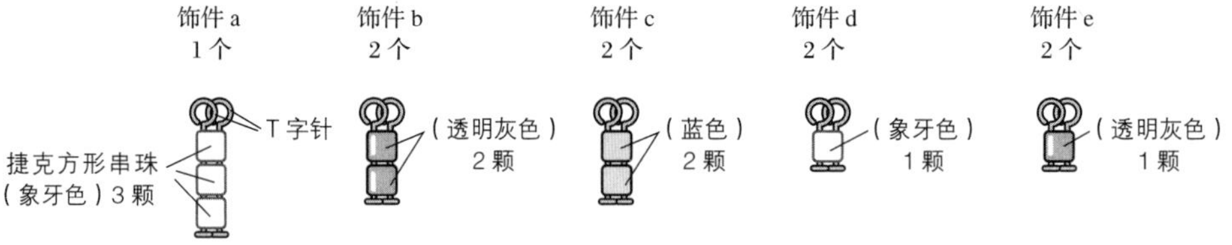

饰件部分需将 T 字针穿入串珠后弯折成环，
串珠较少时，
可在针头处截取适当的长度。

※T 字针的弯折方法参照 *P*71（有针饰件的制作方法）

2. 皮绳穿连饰件、合金饰件

3. 铆钉固定两端后安装圆环、龙虾扣、调节链

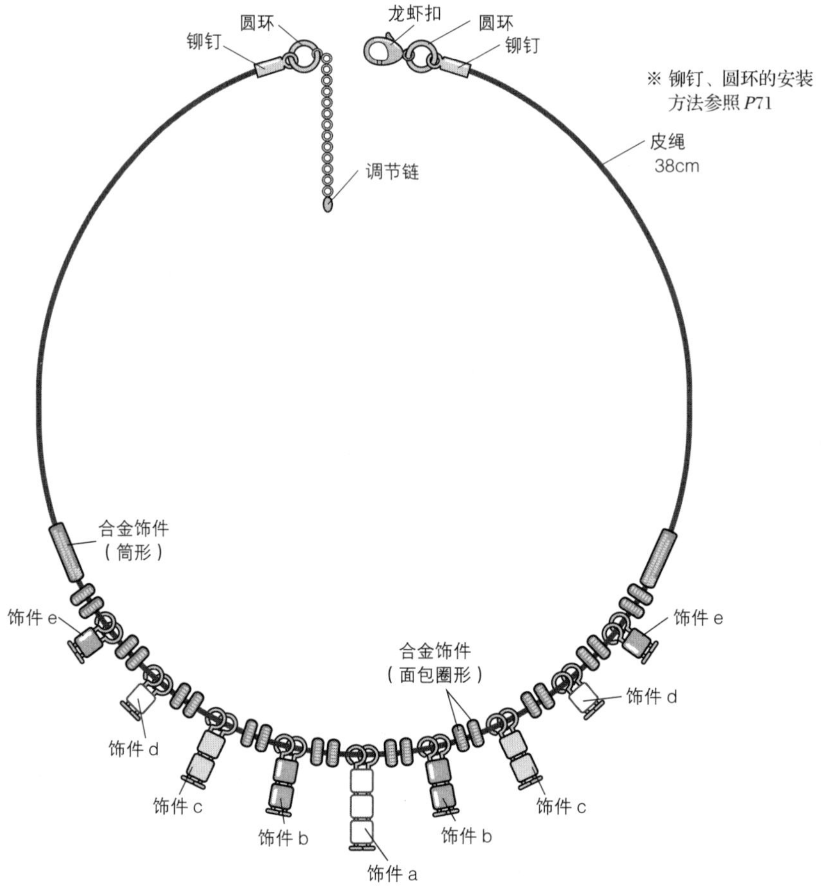

№ 03

海军风绕圈手链

材料

4mm 捷克串珠（作品 A 各色 50 颗）150 颗，6mm 施华洛世奇水晶吊坠 1 个，小米粒珠 205 颗，2cm × 2.5cm 金属饰件 1 个，0.7mm × 20mm 的 T 字针（暗金色）1 个，直径 4.5mm 的圆环（暗金色）6 个，小挂圈（暗金色）2 个，5 号刺绣线 140cm，磁力挂钩（暗金色）1 组

※ 串珠、刺绣线的颜色参照下表

※ 使用串珠针、平嘴钳、尖嘴钳、老虎钳

完成尺寸

全长约 100cm

串珠、刺绣线的颜色

	A	B
捷克串珠	白色 亮驼色 有光奶白色	蓝灰色
施华洛世奇水晶吊坠	摩卡色	蓝碧玺
米粒珠	金属棕色	金属棕色
金属配件	帆船	船锚
刺绣线	亮烟棕色	亮烟蓝色

线结的制作

在串珠的侧边做线结

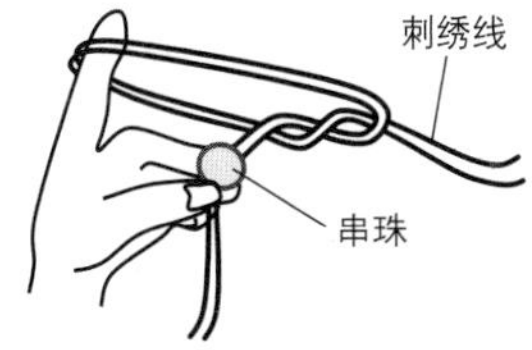

① 左手食指插入环中

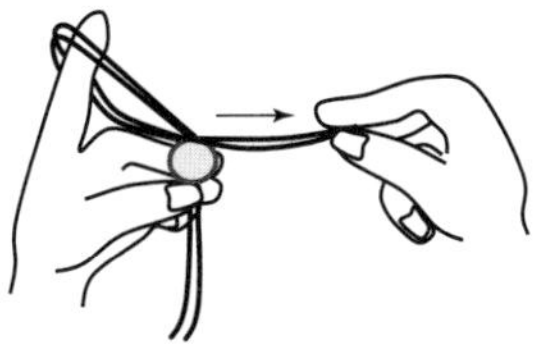

② 左手食指插入环，右手拉线，缩小环

③ 左手食指从缩小的环中轻轻移开，拉线，使线结紧邻串珠

1. 由磁力挂钩处开始穿制

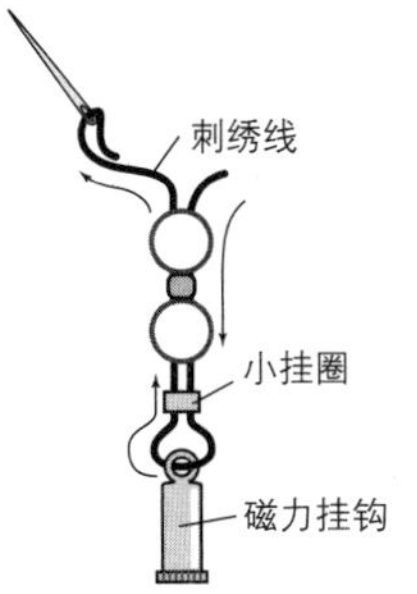

① 在针上穿 140cm 的刺绣线，如图所示穿连串珠、小挂圈、磁力挂钩

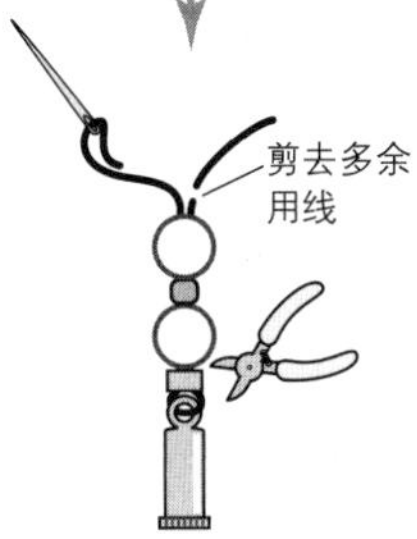

② 用平嘴钳拉开小挂圈
※ 制作结尾处方法相同

2. 依照串珠（A）、线结、串珠（B）、线结的顺序穿连

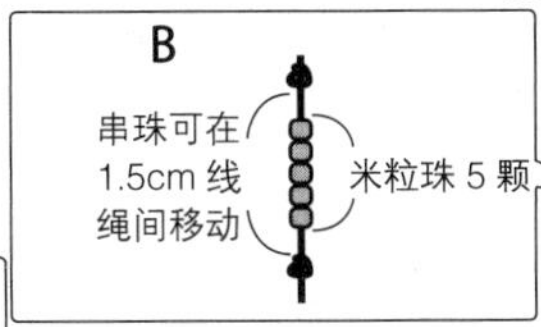

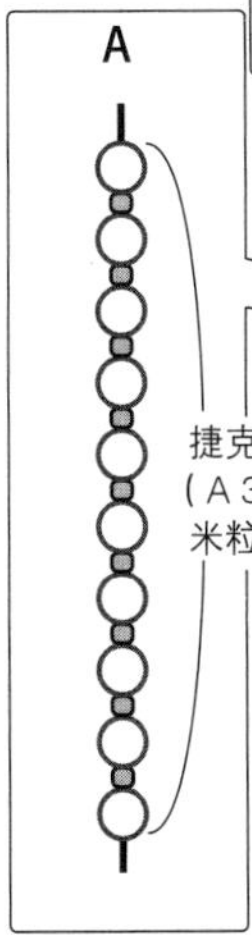

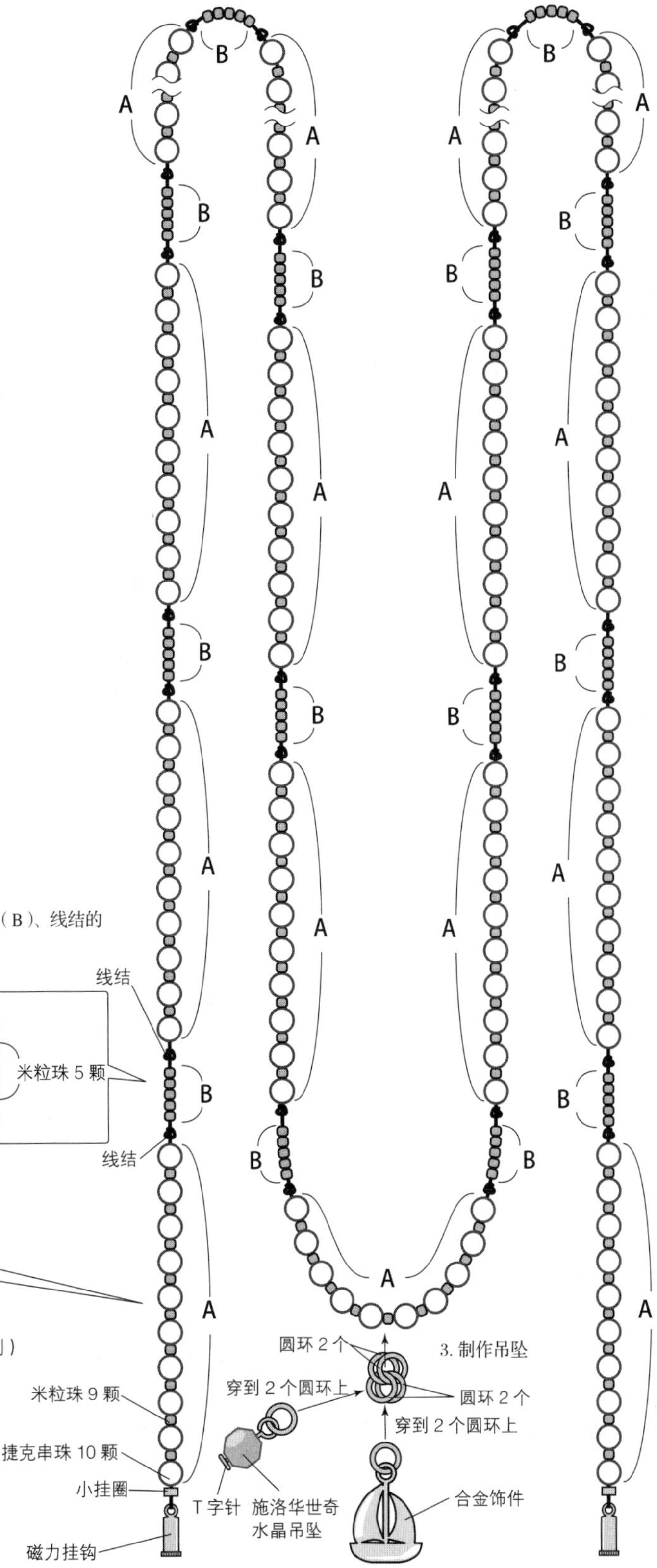

※ 圆环的安装、T 字针的使用方法参照 P71

№ 04

钻石链和裂织布的绕圈手链、奢华项链

材料

【绕圈手链】

约 3mm 钻石爪链（银色）100cm、0.7mm × 4mm 的圆环（银白色）2 个、链尾端头 2 个、OT 扣 1 组、宽 4mm 扁绳（驼色）200cm、2cm × 100cm 雪纺绸（驼色）2 条、黏合剂少许

【项链】

约 3mm 钻石爪链（银色）50cm，8mm 捷克玻璃切面串珠（金属灰色）25 颗，6mm 捷克玻璃切面串珠（水晶色）42 颗，6mm 圆形捷克玻璃串珠（银色）110 颗，圆形小米粒珠（肉色）222 颗，0.7mm × 15mm 的 9 字针（暗银色）25 根、（暗金色）42 根，0.7mm × 4mm 的圆环（银白色）8 个，10mm 螺旋纹圆环（银白色）2 个，包线扣（暗银色）4 个，链尾端头（银白色）2 个，宽 4mm 扁绳（驼色）100cm，2cm × 100cm 雪纺绸（驼色），1 号鱼线 200cm 2 根、黏合剂少许

※ 使用平嘴钳、尖嘴钳、老虎钳

完成尺寸

绕圈手链 全长约 95cm

※ 在手腕上缠绕 5 圈

项链 全长约 105cm

绕圈手链

1. 钻石链端与链尾端头相连

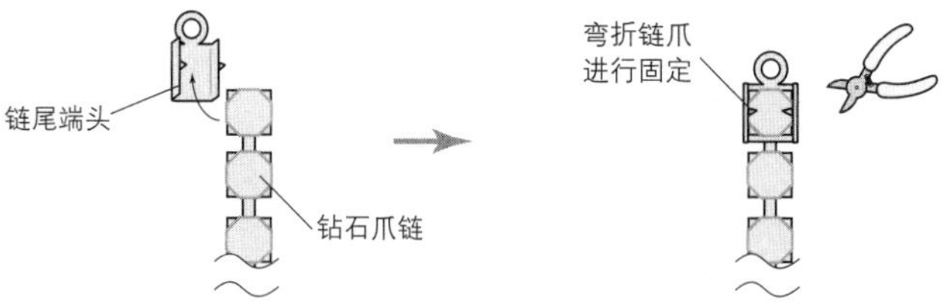

2. 做三股辫

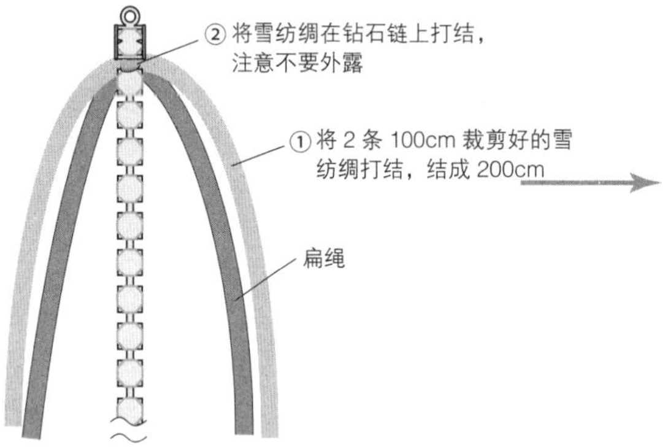

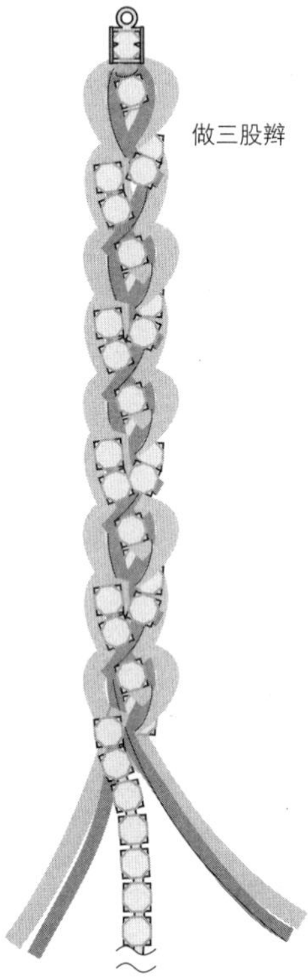

3. 整理端头

雪纺绸和扁绳分别在钻石链背面打结，绳结的端头上涂抹黏合剂，藏于绳结之中

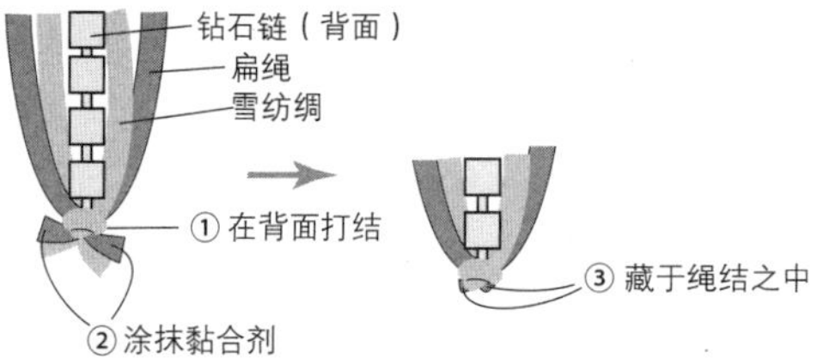

4. 用链尾端头和圆环安装 OT 扣

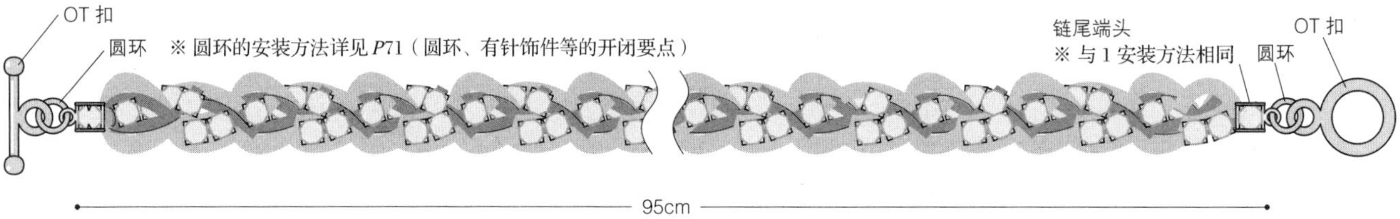

项链

1. 与绕圈手链相同做三股辫（将 1 条雪纺绸对折使用）

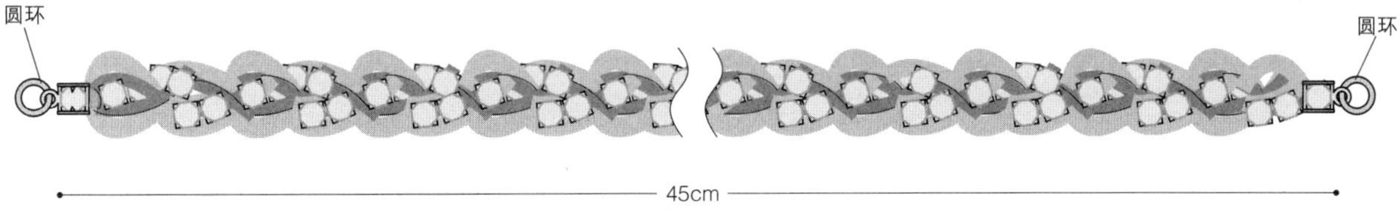

2. 制作各个饰件

饰件 A

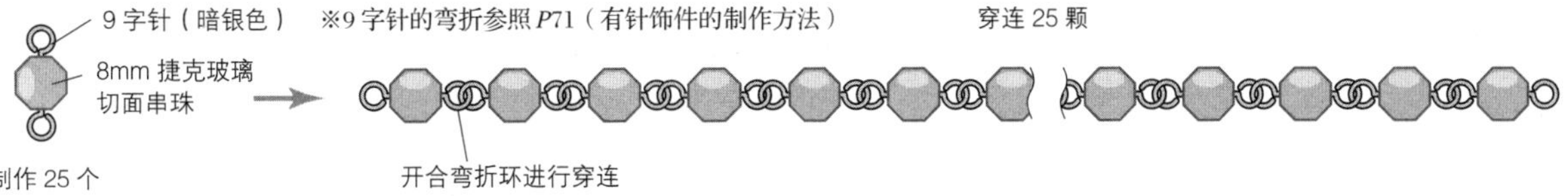

饰件 B

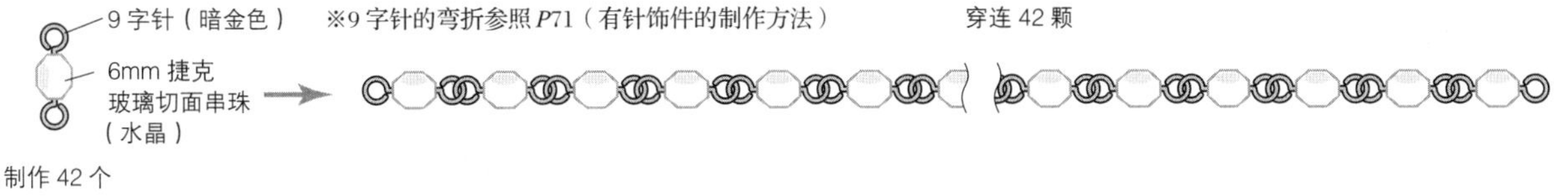

饰件 C

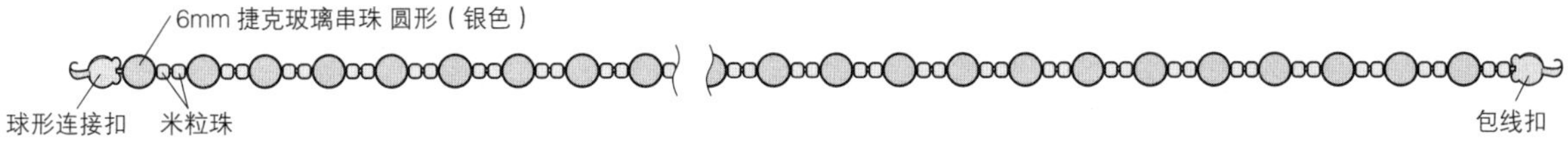

① 将 200cm 鱼线穿过包线后，
对折成 2 根线

② 穿连串珠

③ 穿过包线扣后固定（参照 *P*71）

※ 包线扣的使用方法参照 *P*71

6mm 圆形	65 颗
米粒珠	90 颗

饰件 D

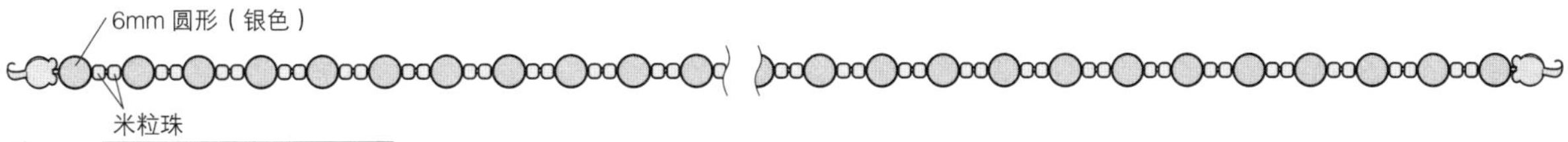

与饰件 C 相同方法，
变化串珠数量

6mm 圆形	65 颗
米粒珠	128 颗

3. 连接各个饰件

用圆环将饰件 A~D 连于螺旋纹圆环上　　※ 圆环的安装方法参照 *P*71

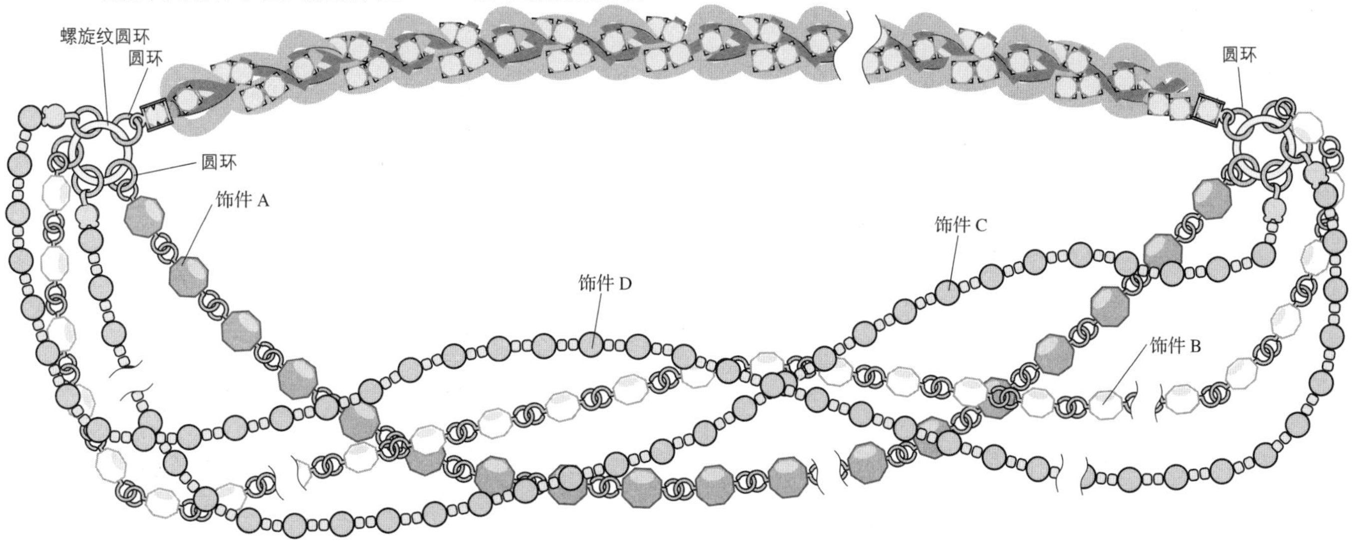

No 05 素朴的绕圈手链

材料

4mm 捷克回火抛光串珠 85 颗，1.2mm 皮绳 100cm，直径 15mm 的阿古屋珍珠贝壳纽扣 1 颗，串珠专用线 350cm
※ 各材料的颜色参照下表
※ 使用串珠针

完成尺寸
全长约 40cm
※ 在腕上缠绕 2 圈

1. 参照 Lesson1 进行制作

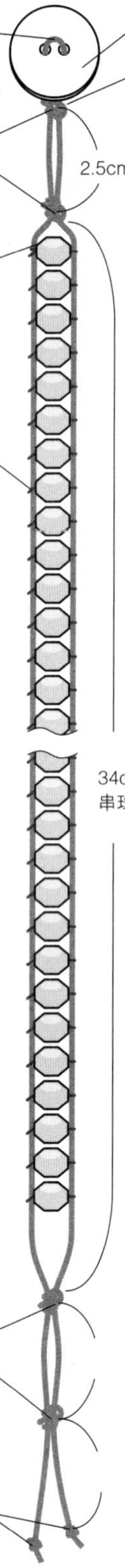

串珠、皮绳、贝壳纽扣、串珠专用线的颜色

	A	B	C	D
捷克串珠	湖蓝色	亮紫色	暗红色	花斑白色
皮绳	黄色	艳粉色	蓝色	白色
贝壳纽扣	灰色	自然色	灰色	自然色
串珠专用线	海蓝色	黄色	红色	绿色

№ 06

星与十字的麻绳手链

1. 麻绳穿过管状环

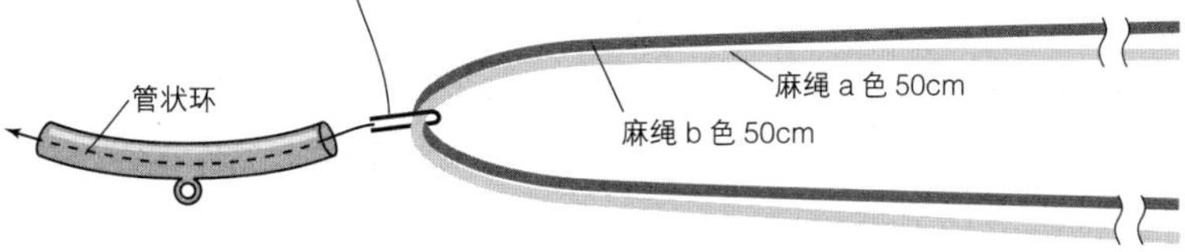

材料

合金饰件 1 个，3.5mm×30mm 管状环（暗金色）1 个，0.8mm×4.5mm 圆环（暗金色）2 个，直径 0.7mm×3.5mm 圆环（暗金色）4 个，麻绳 a 色 50cm、b 色 50cm，固绳扣（暗金色）2 个，卡扣（暗金色）1 组

※ 合金饰件的种类、麻绳的颜色参照下表

※ 使用平嘴钳

完成尺寸

全长约 16cm

2. 做花式三股辫，两端安装固绳扣

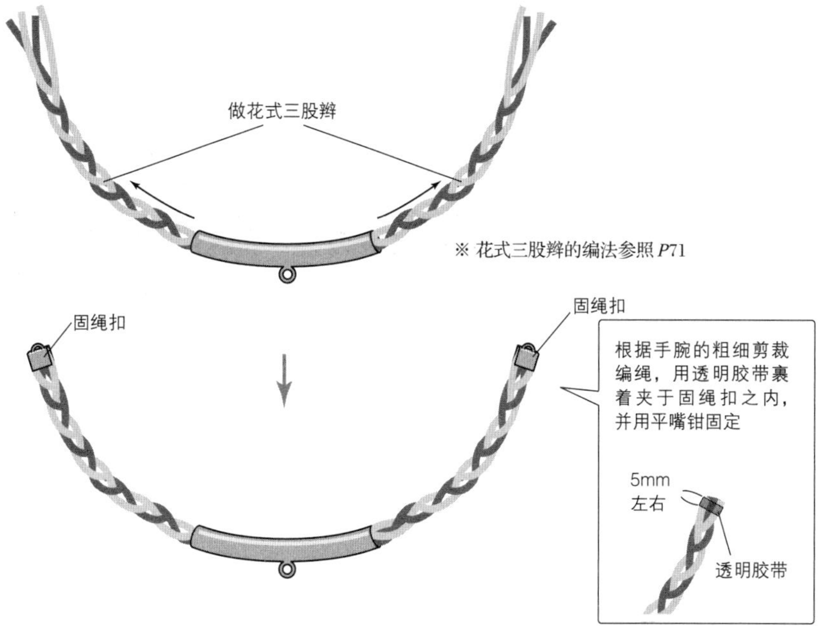

合金饰件的种类、麻绳的颜色

	A	B
合金饰件	十字（15mm×20mm）	星（15mm×15mm）
麻绳 a 色	原色	原色
麻绳 b 色	蓝色	红色

3. 用圆环安装卡扣、合金饰件

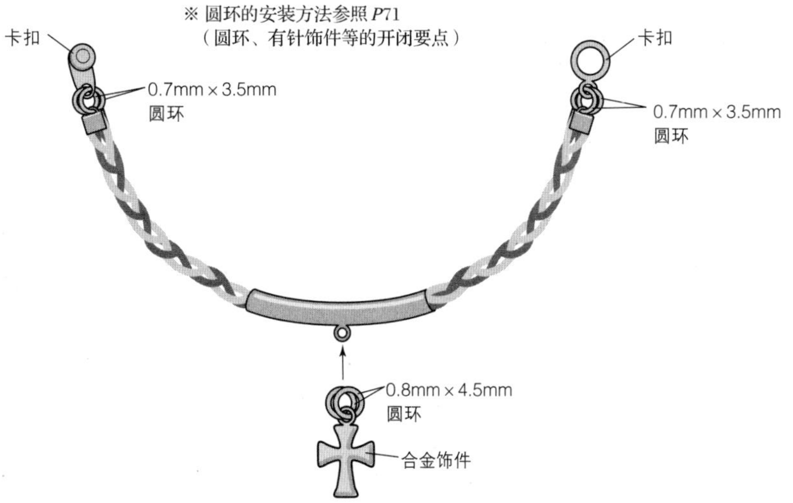

No 08

玻璃串珠的三股辫手链

材料

圆形小玻璃串珠（黄色／紫色／蓝绿色）约810颗，直径10mm有脚纽扣（棕色）1个，美国进口 Artistic wire 金属丝（金色）210cm

※ 使用老虎钳

完成尺寸

全长约 18cm

1. 金属丝穿连串珠

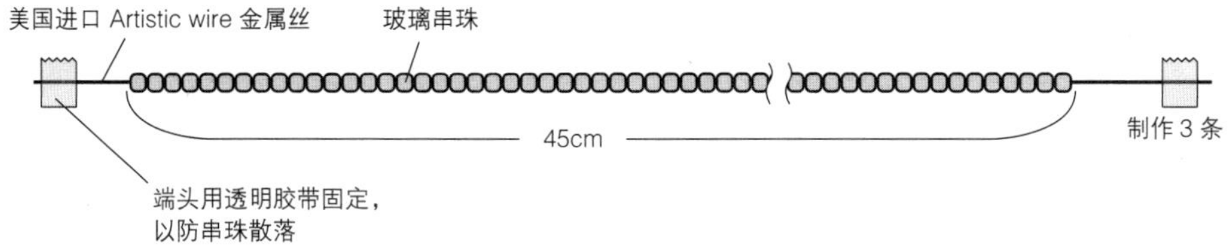

2. 制作环，编三股辫

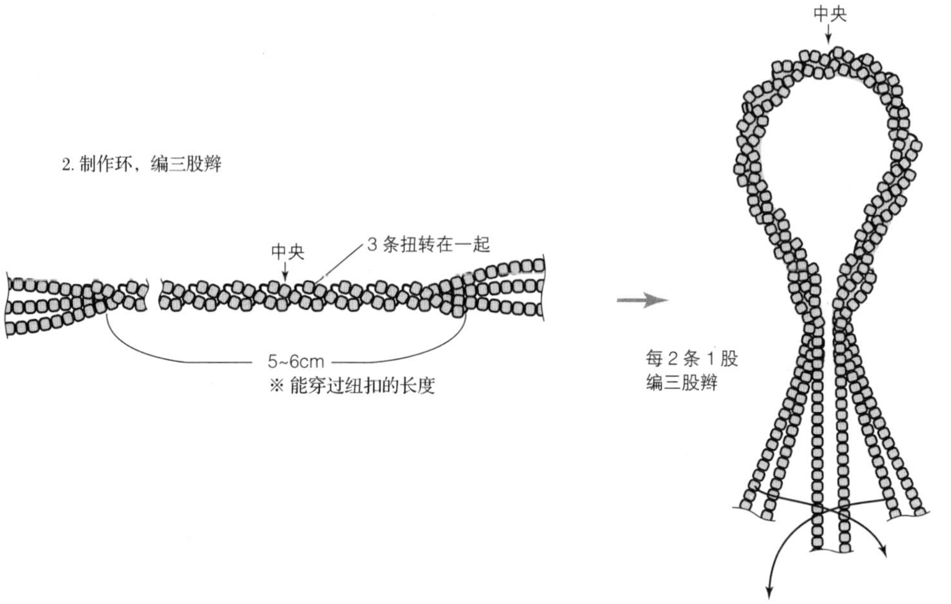

3. 安装纽扣

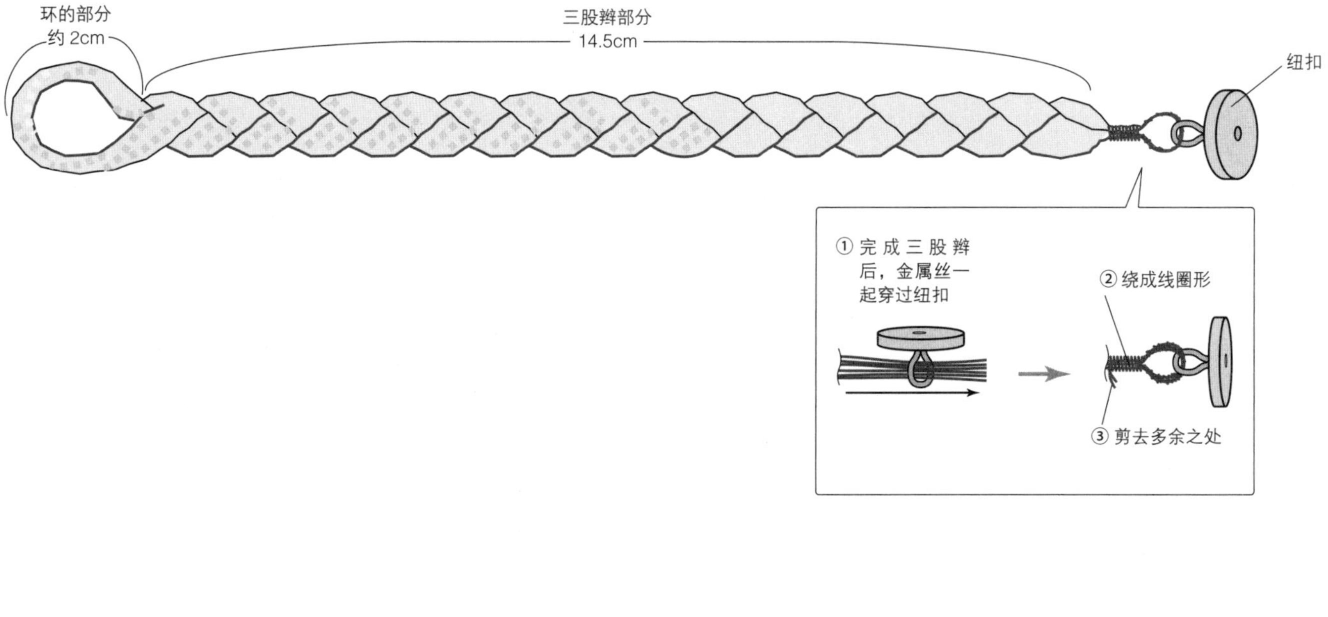

№ 09

P19

印花棉布的手带风格手链

材料

合金饰件 a 2 个、b 2 个，直径 6mm 造型圆环（银白色）9 个，0.7mm × 4mm 圆环（暗银色）8 个，0.6mm × 20mm T 字针（银白色）2 根，15mm 椭圆形有脚纽扣 1 颗，6cm × 54cm 印花棉布

※ 合金饰件的种类、印花棉布和纽扣的颜色参照下表

※ 使用平嘴钳、尖嘴钳、老虎钳

完成尺寸

全长约 40cm

※ 在腕上缠绕 2 圈

1. 裁剪用布，编三股辫

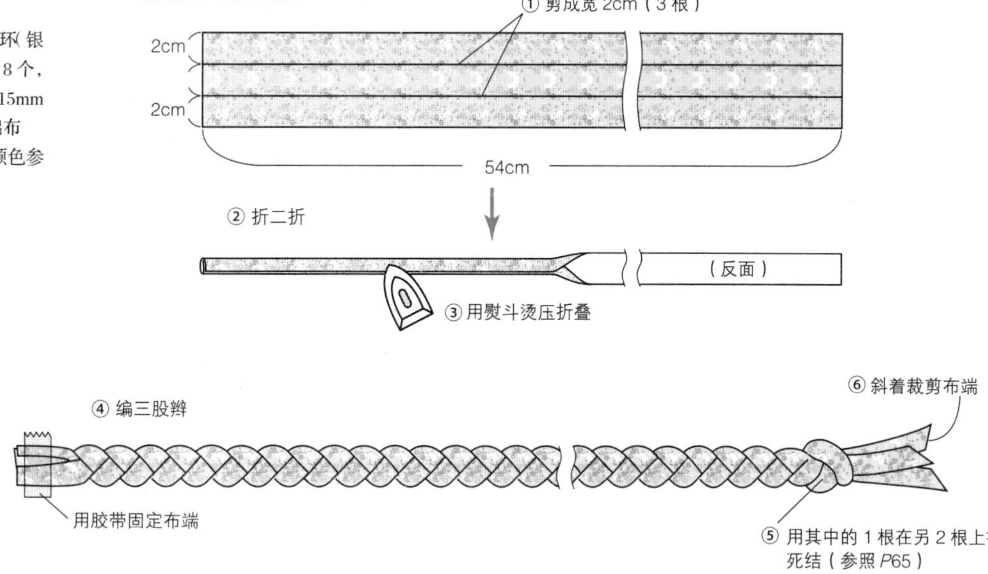

2. 制作环圈、安装纽扣、合金饰件

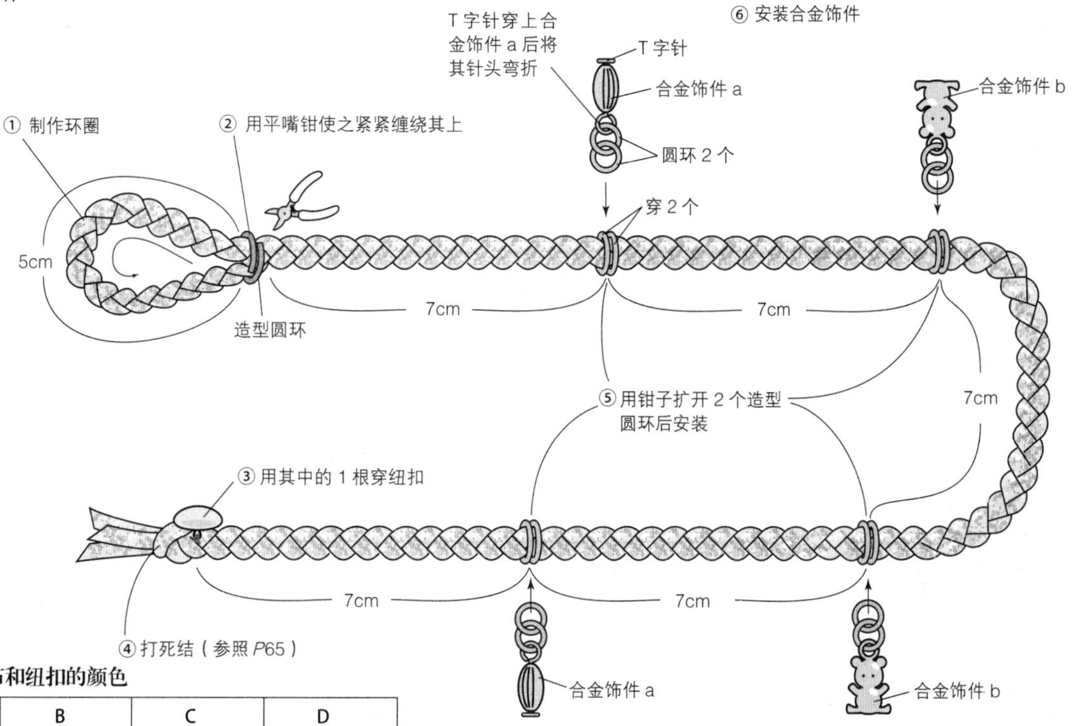

※ 圆环的安装方法和 T 字针的弯折方法参照 P71（圆环、有针饰件等的开闭要点）和（有针饰件的制作方法）

合金饰件的种类、印花棉布和纽扣的颜色

	A	B	C	D
合金饰件 a	椭圆形	椭圆形	椭圆形	椭圆形
合金饰件 b	叶子	大象	狮子	小熊
印花布	绿色系	蓝色系	粉色系	蓝色系
纽扣	棕色	原色	亮棕色	黑色

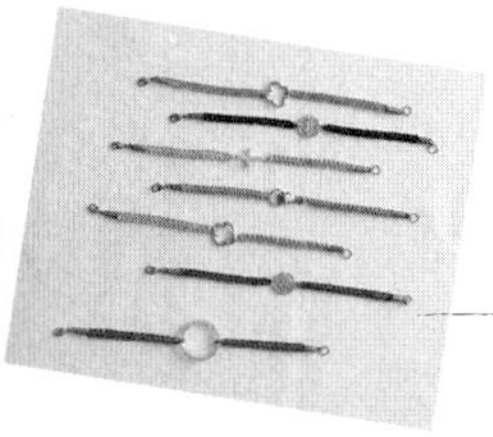

№ 11

带吊坠的平结手链

材料

合金饰件 1 个，0.7mm × 3.5mm 圆环 2 个，0.8mm × 6mm 圆环 1 个，固定扣 2 个，龙虾扣 1 个，蜡线 260cm，黏合剂少许

※ 各个种类、颜色参照下表

※ 使用平嘴钳

完成尺寸

全长约 15cm

1. 做芯线的蜡线穿过合金饰件

2. 做平结编织

※ 平结编织的方法参照 Lesson4（P26）

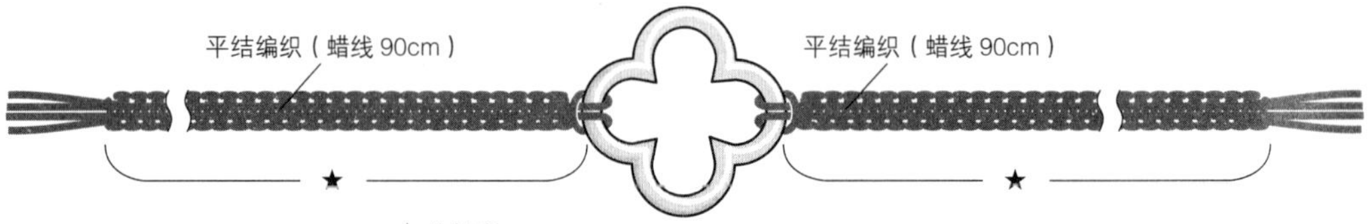

★ 处长度

A、B、E、F=6cm

C、D=5.5cm

G=5cm

3. 安装金属配件

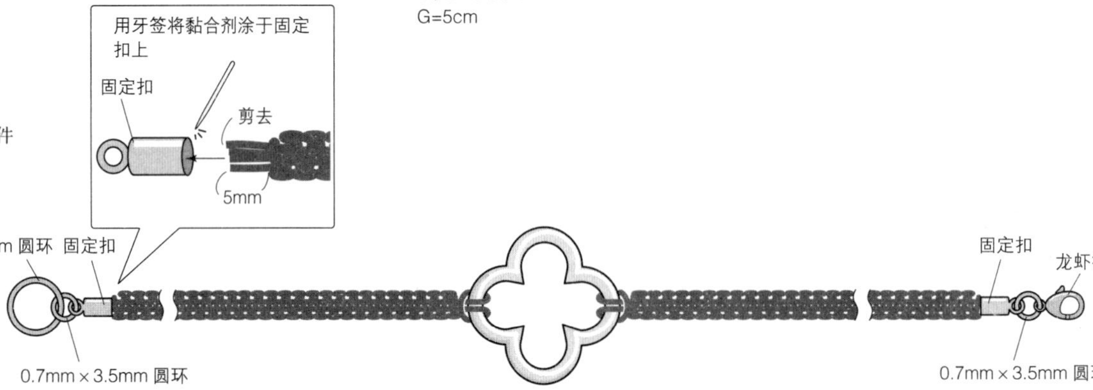

※ 圆环的安装方法参照 P71

（圆环、有针饰件等的开闭要点）

各个种类、颜色

		A	B	C	D	E	F	G
合金饰件	形	花形环	圆形透雕造型	十字	手抓环	花形环	圆形透雕造型	圆环
	色	银白色	暗金色	银白色	暗金色	金色	银白色	银白色
	尺寸	直径 15mm	直径 13mm	11mm × 18mm	10mm × 25mm	直径 15mm	直径 13mm	直径 25mm
金属配件		暗银色	暗金色	暗银色	暗金色	暗金色	暗银色	暗银色
蜡线		浅蓝色	黑色	绿色	亮棕色	橘色	棕色	蓝色

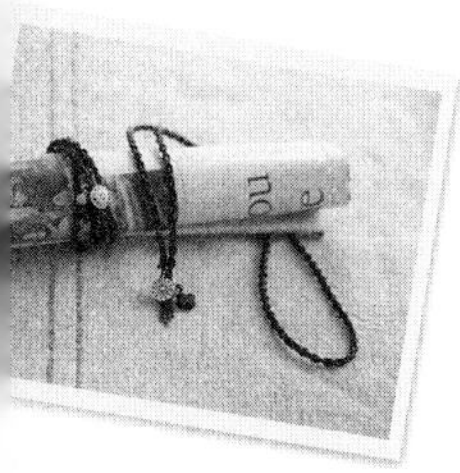

№13 皮绳四股辫的长手链

P23

材料

直径 13mm 有脚纽扣（暗银色）1 颗，13mm 金丝玛瑙 十字（黑色）1 个，直径 5mm 天然石 1 个，合金饰件 垫片 5mm（暗银色）1 个，0.8mm×4.5mm 圆环（银白色）3 个，0.7mm×35mm T 字针（银白色）2 根，1.5mm 圆皮绳 500cm

※ 天然石的种类、皮绳的颜色参照下表

※ 使用尖嘴钳、平嘴钳、老虎钳

完成尺寸

全长约 85cm

1. 编织皮绳

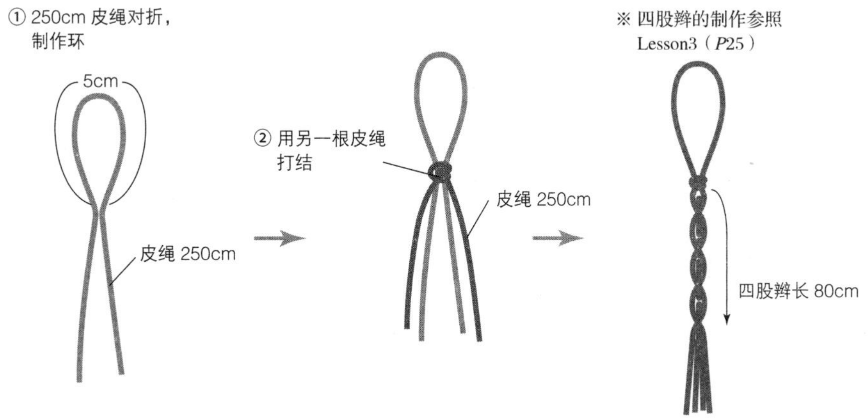

2. 安装纽扣、合金饰件

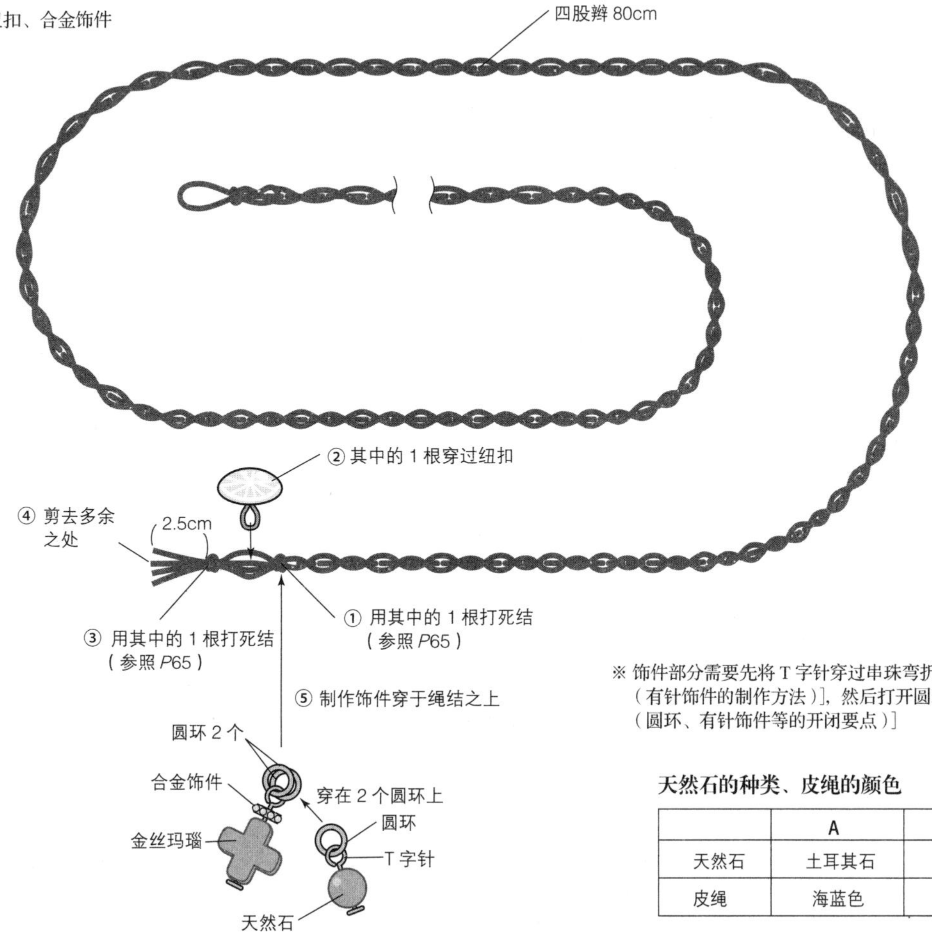

※ 饰件部分需要先将 T 字针穿过串珠弯折针头处［参照 P71（有针饰件的制作方法）］，然后打开圆环进行安装［参照 P71（圆环、有针饰件等的开闭要点）］

天然石的种类、皮绳的颜色

	A	B
天然石	土耳其石	红虎眼石
皮绳	海蓝色	黑色

№ 14

高雅的绿松石手链

材料

【绿松石・轮箍状】
2~3mm 土耳其石 轮箍状 72 个，24K 金色合金饰件 桶状 2.7mm×4mm 4 个，4mm14KGF 金色圆环 2 个，14KGF 金色 小挂圈 2 个，0.8mm 压缩金属丝线圈 14mm、14KGF 金色弹簧扣 1 颗，14KGF 金色连接扣 1 颗，项链专用线 50cm

【绿松石・天然块状】
10~20mm 土耳其石 天然块状 12 个，0.8cm×1cm18K 金色合金饰件 圣母马利亚 8mm×10mm 1 个，4mm14KGF 金色圆环 3 个，14KGF 金色小挂圈 2 个，0.8mm 压缩金属丝线圈，14KGF 金色 14mm，14KGF 金色弹簧扣 1 个，项链专用线 50cm
※ 使用串珠针、平嘴钳

完成尺寸
全长约 17cm

绿松石・轮箍状

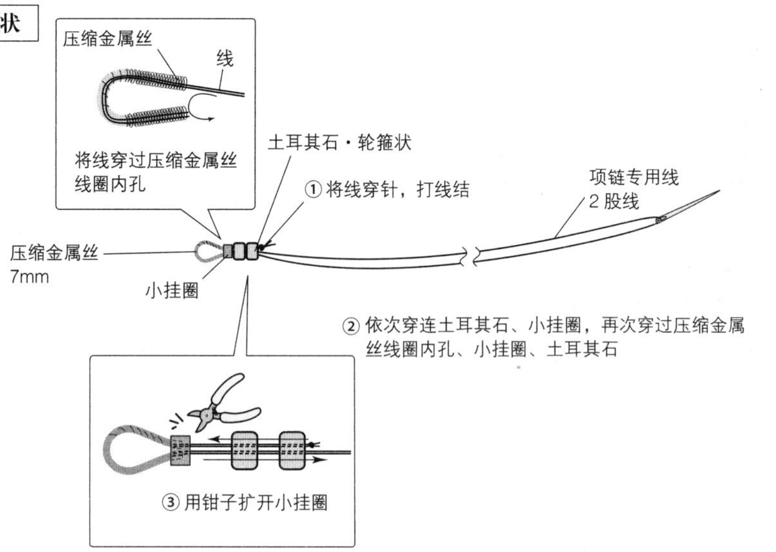

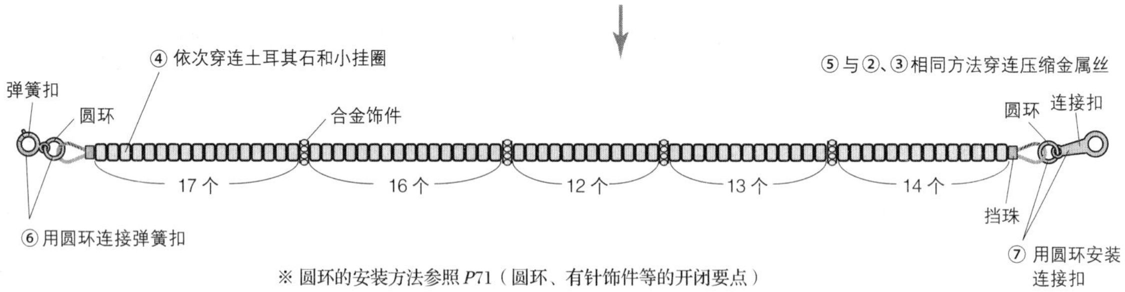

※ 圆环的安装方法参照 *P*71（圆环、有针饰件等的开闭要点）

绿松石・天然块状

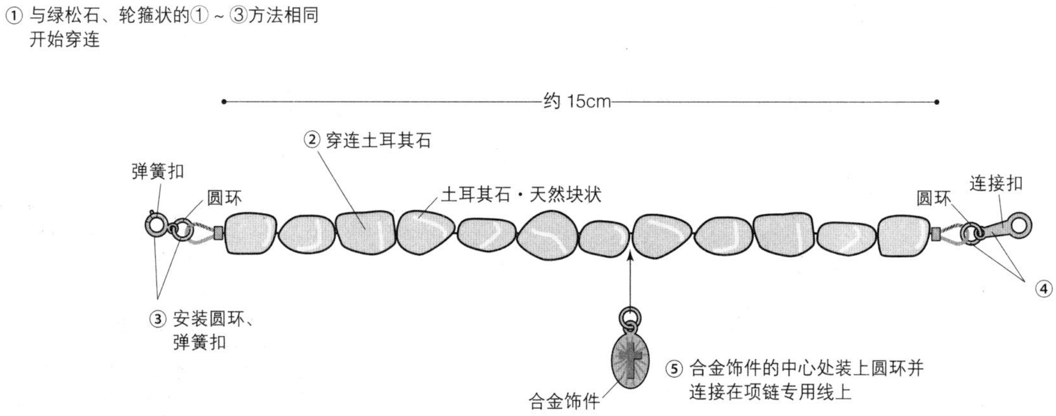

※ 圆环的安装方法参照 *P*71

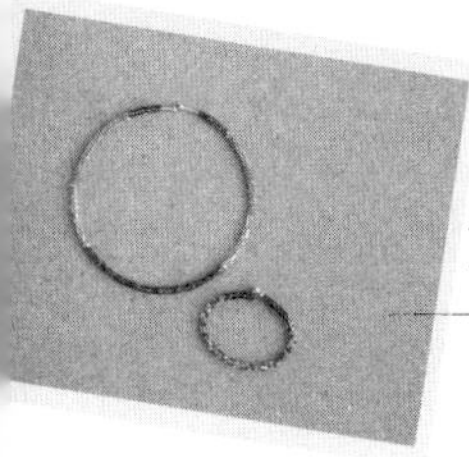

№ *18*

缠绕于金属丝上的手链和项链

材料

【手链 A · 白色】
圆形小玻璃串珠（白色）130 颗、（古铜色）250 颗，28 号黄铜线（金色）200cm，金属手环 粗（金色）1 个，黏合剂 少许

【手链 B · 绿色、橘色】
圆形小玻璃串珠（橘色）100 颗、（古铜色）185 颗，一分竹串珠（绿色）95 颗，28 号黄铜线（金色）200cm，金属手环 粗（金色）1 个，黏合剂 少许

【手链 C · 绿松石】
圆形小玻璃串珠（湖蓝色）130 颗、（古铜色）250 颗，28 号黄铜线（金色）200cm，金属手环 粗（金色）1 个，黏合剂 少许

【项链】
圆形小玻璃串珠（古铜色）340 颗、（橘色）40 颗，圆形小米粒珠（金棕色）260 颗，一分竹串珠（绿色）140 颗，合金饰件 桶状 5mm（暗金色）2 个，28 号黄铜线（金色）240cm，金属项圈 粗（金色）1 个，黏合剂 少许

完成尺寸
手链 环绕手腕约 18cm
项链 环绕颈项约 37cm

手链

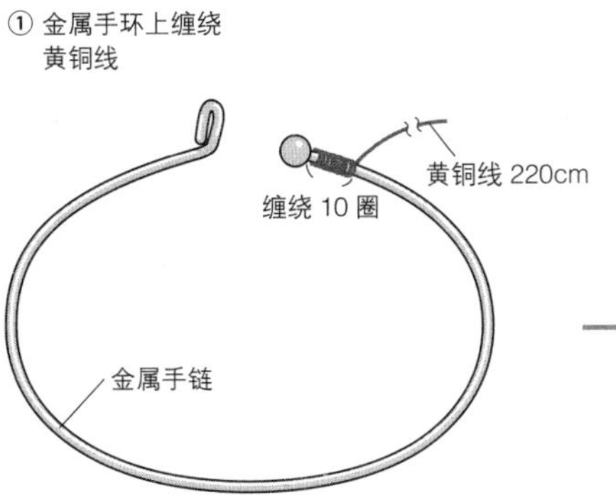

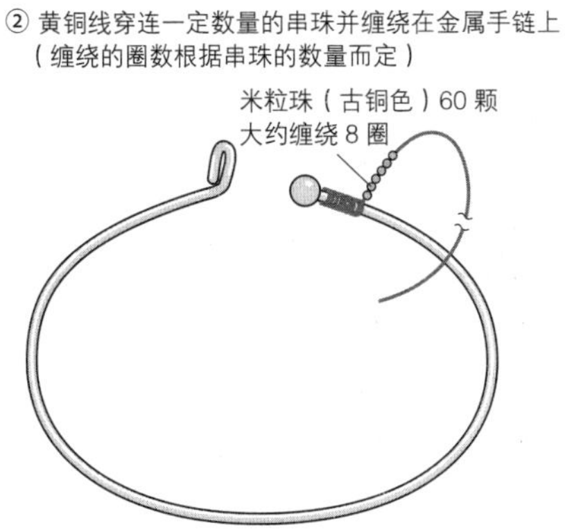

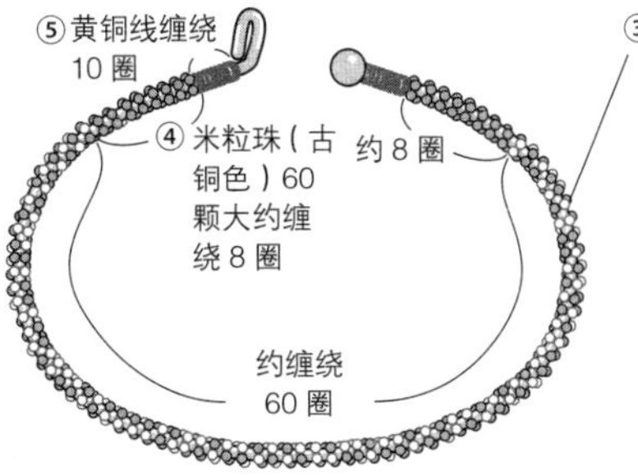

A	130 颗（白色）和 130 颗（古铜色）
B	100 颗（橘色）、65 颗（古铜色）和 95 颗（绿色）
C	130 颗（湖蓝色）和 130 颗（古铜色）

项链

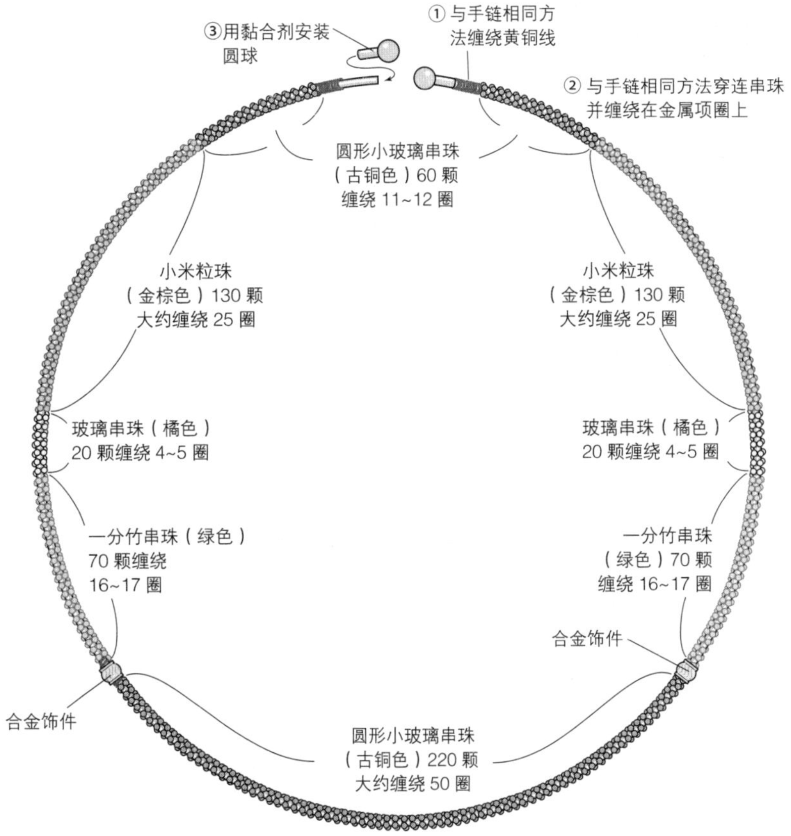

No 15

棉质珍珠古典手链与长项链

材料

【手链・灰色】
直径 10mm 圆形棉质珍珠（灰色）9 颗，直径 8mm 圆形棉质珍珠（灰色）9 颗，直径 3mm 圆形罂粟珠（灰色）2 颗，10mm 人造钻石有脚纽扣 方形 1 颗，小挂圈（暗铜色）1 个，链条（暗铜色）5cm，项链专用线 80cm

【手链・白色】
直径 10mm 圆形棉质珍珠（白色）9 颗，直径 8mm 圆形棉质珍珠（白色）9 颗，直径 3mm 圆形罂粟珠（白色）2 颗，12mm 人造钻石有脚纽扣 锥形 1 颗，小挂圈（暗铜色）1 个，链条（暗铜色）5cm，项链专用线 80cm

【项链】
直径 10mm 圆形棉质珍珠（白色）15 颗、（灰色）15 颗，直径 8mm 圆形棉质珍珠（白色）30 颗、（灰色）30 颗，直径 3mm 圆形罂粟珠（白色）182 颗，直径 24mm 圆形人造钻石有脚纽扣 1 颗，小挂圈（暗铜色）1 个，链条（暗铜色）6cm，项链专用线 300cm
※ 使用串珠针、平嘴钳

完成尺寸
手链 全长约 18cm
项链 全长约 135cm

手链・灰色

1. 项链专用线穿过纽扣

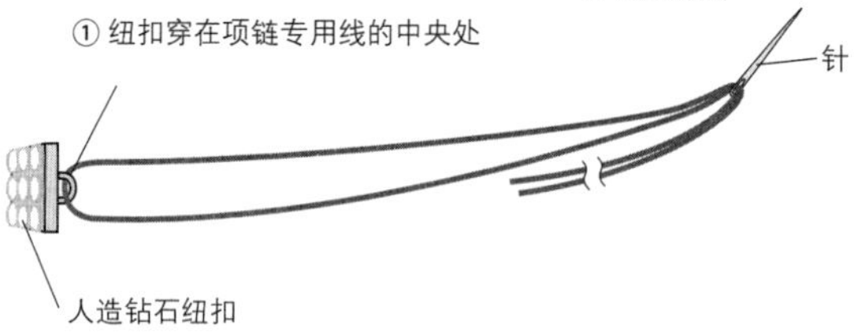

2. 穿连串珠

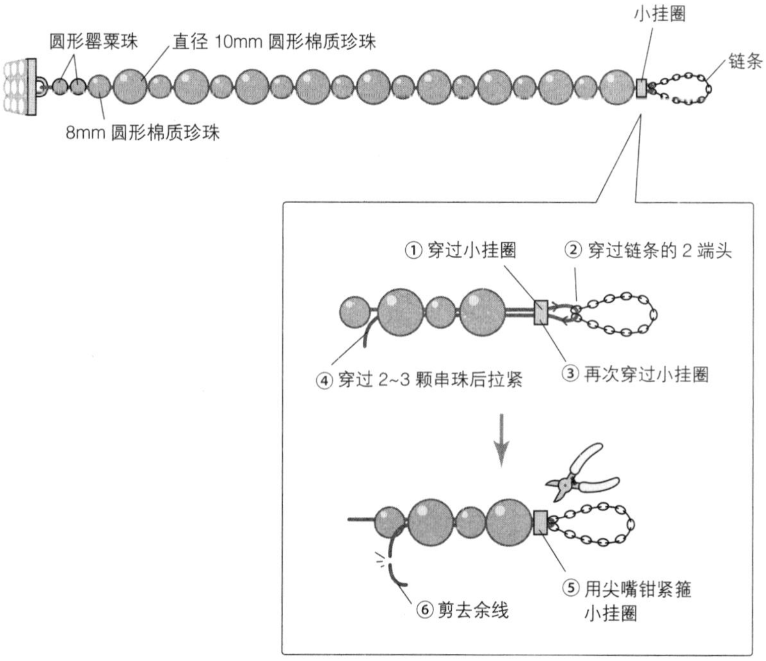

手链・白色

与灰色手链的制作方法相同

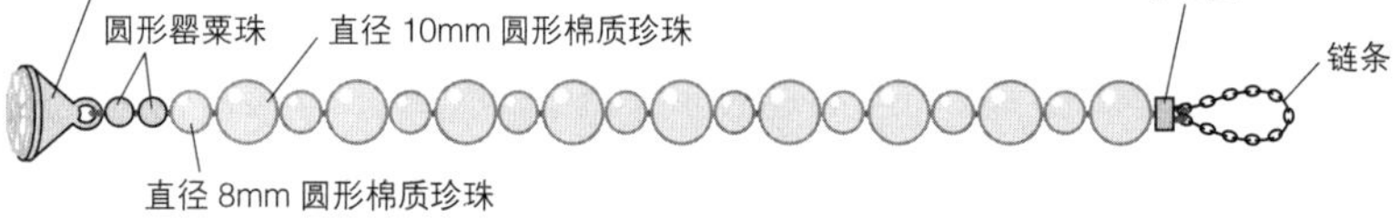

项链 与灰色手链的制作方法相同

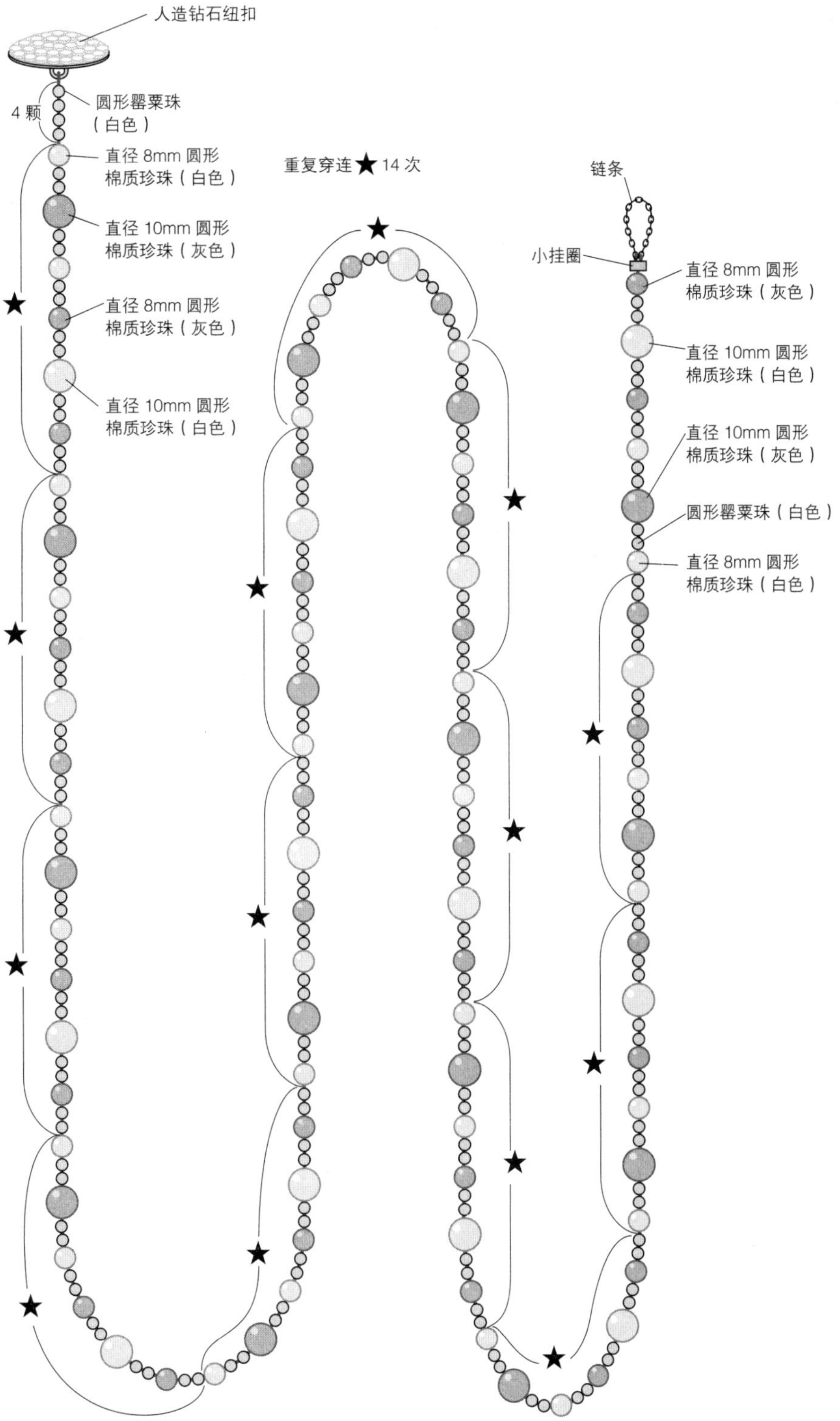

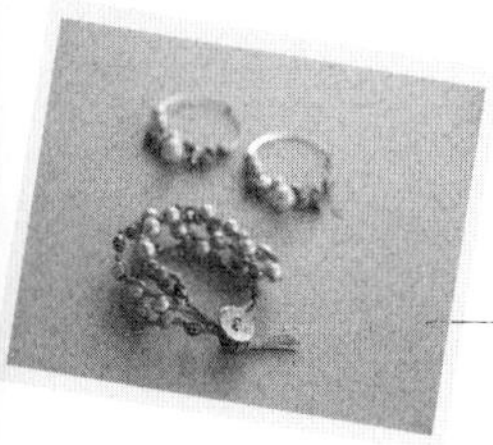

P34、35

棉质珍珠休闲手链及其配套的耳环和戒指

材料

【手链·湖蓝色】
直径8mm圆形棉质珍珠（香槟金色）24颗，6mm施华洛世奇·水晶珍珠（湖蓝色）8颗，合金饰件 桶状7mm（暗金色）8个，直径16mm纽扣（古董金色）1颗，涤纶线（TOHO Amiet COL.7）800cm

【手链·粉色】
直径8mm圆形棉质珍珠（香槟金色）24颗，6mm施华洛世奇·水晶珍珠（珊瑚粉色）8颗，合金饰件 桶状7mm（暗金色）8个，直径16mm纽扣（古董金色）1颗，涤纶线（TOHO Amiet COL.16）800cm

【耳环】
直径10mm圆形棉质珍珠（白色）2颗，直径8mm圆形棉质珍珠（香槟金色）6颗，6mm施华洛世奇 圆形串珠（湖蓝色）4颗，合金饰件 桶状7mm（暗金色）10个，0.5mm×20mm造型针（金色）4根，0.6mm×30mm造型针（金色）6个，直径4cm的耳环圈（金色）1组

【戒指】
直径10mm圆形棉质珍珠（白色）1颗，6mm施华洛世奇 圆形串珠（珊瑚粉色）1颗，合金饰件 桶状7mm（暗金色）1颗，0.5mm×20mm造型针（金色）1根，0.6mm×30mm造型针（金色）2个，指环圈 有小环（金色）1个
※ 手链使用串珠针
耳环和戒指使用尖嘴钳、平嘴钳、老虎钳

完成尺寸
手链 全长约21cm
耳环 高约5.5cm

手链

1. 由环圈处开始制作

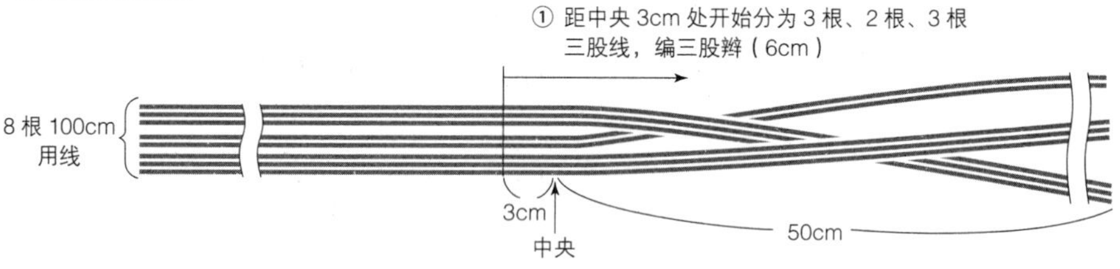
① 距中央3cm处开始分为3根、2根、3根三股线，编三股辫（6cm）
8根100cm用线
3cm
中央
50cm

2. 穿连串珠后打结

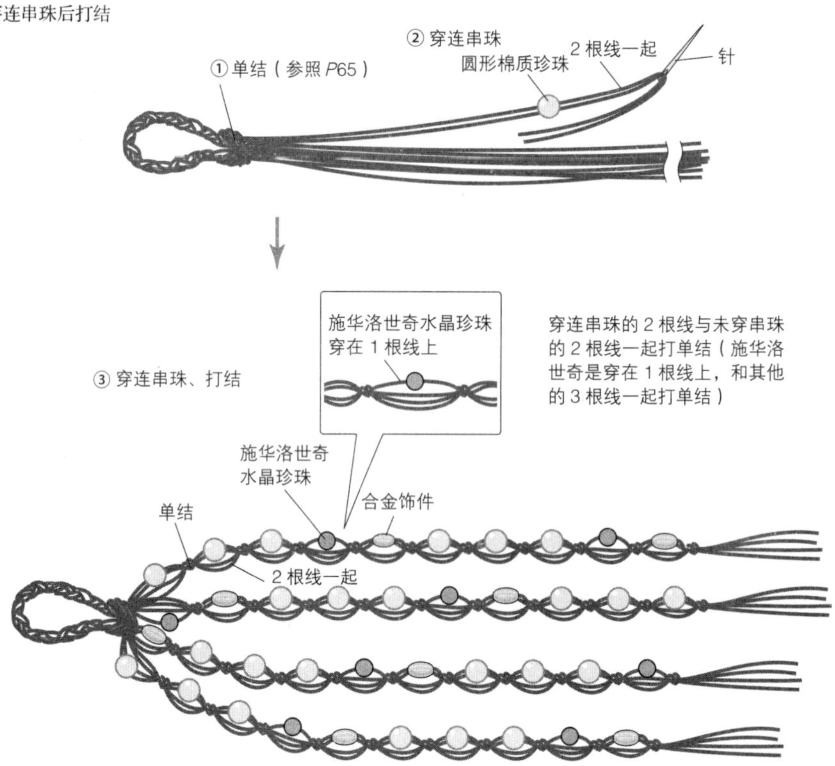
① 单结（参照P65）
② 穿连串珠
圆形棉质珍珠
2根线一起
针
③ 穿连串珠、打结
施华洛世奇水晶珍珠穿在1根线上
穿连串珠的2根线与未穿串珠的2根线一起打单结（施华洛世奇是穿在1根线上，和其他的3根线一起打单结）
施华洛世奇水晶珍珠
合金饰件
单结
2根线一起

3. 汇集所有用线，穿上纽扣

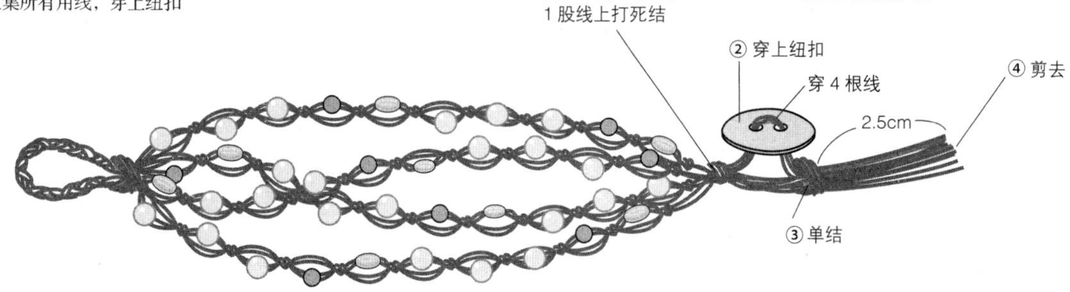
① 将其中的3股线在1股线上打死结
※ 死结的打法参照P65
② 穿上纽扣
穿4根线
④ 剪去
2.5cm
③ 单结

耳环

1. 制作饰件　※ 工具针的弯折方法参照*P*71

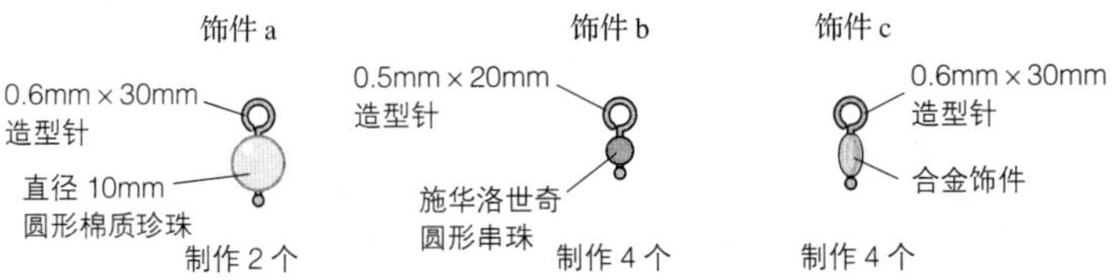

2. 将饰件、串珠穿在耳环圈上

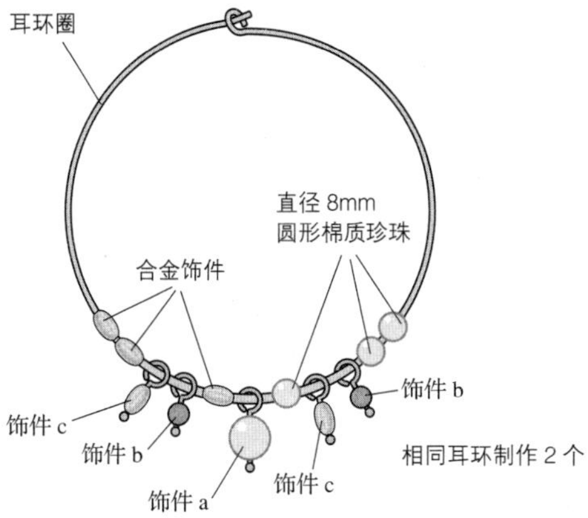

戒指

1. 制作饰件

※ 与耳环相同

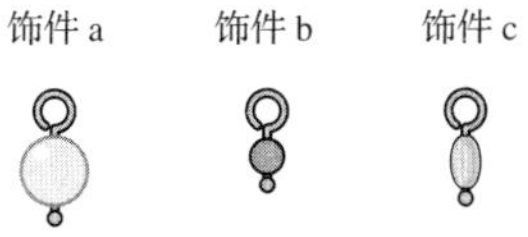

2. 将饰件穿到指环圈上

① 用平嘴钳将在 1 中弯折的饰件环圈错开，穿过指环圈的小环后再闭合

② 其他饰件也以相同方法穿在小环上

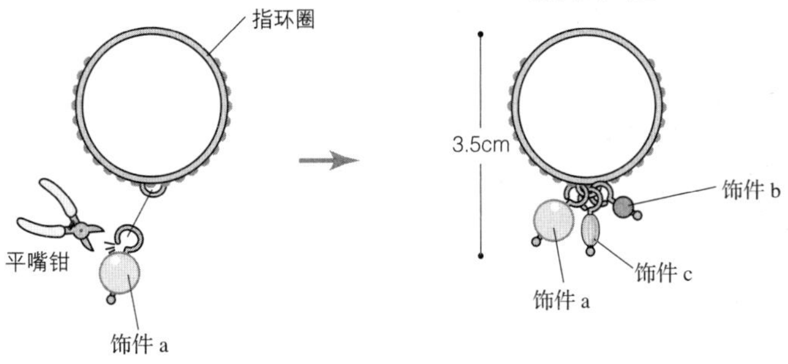

单结

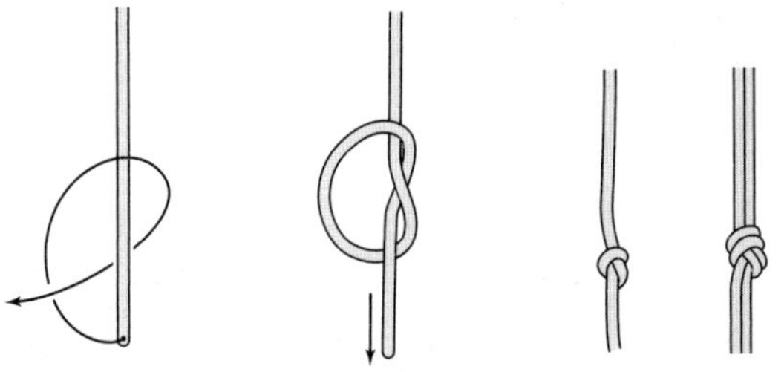

① 如箭头所示将线绳绕圈

② 下拉绳端

③ 完成
无论多少根线均依相同方法打结

死结

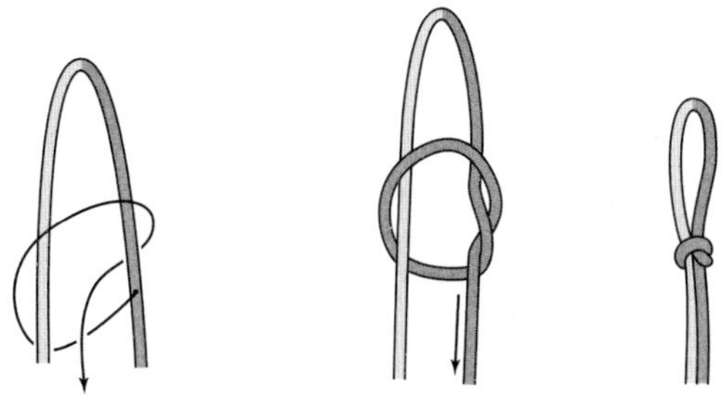

① 对折的线绳或 2 根以上的线绳打结。其中的 1 根线置于另 1 根上，按照单结的要领打结

② 下拉绳端，拉紧

③ 完成

№ 17

P36、37

胸针、手链

1. 按照纸型剪裁毛毡布　※ 实物大纸型参照 *P68*

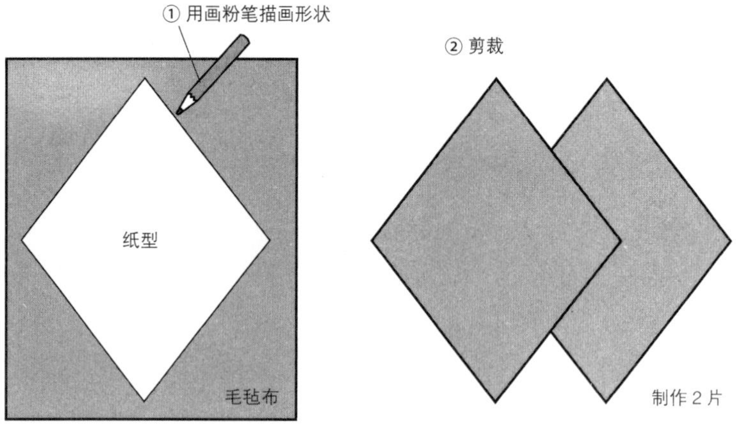

材料

捷克串珠 各色各样，米粒珠 各色各样，5cm×5cm 毛毡布（黑色）2 片，宽 10mm 丝带（黑色）45cm，长 1.6cm 胸针（黑色）1 个，车缝线（与串珠相同颜色）、黏合剂 少许

※ 串珠的颜色、形状参照图示。由于获取与作品完全相同的串珠有一定的难度，所以请您试着用手边的串珠根据胸针的形状进行制作

※ 使用超细（穿过串珠孔径）的缝衣针

完成尺寸

胸针的大小参照 *P68* 的实物大纸型

2. 将串珠缝于毛毡布上

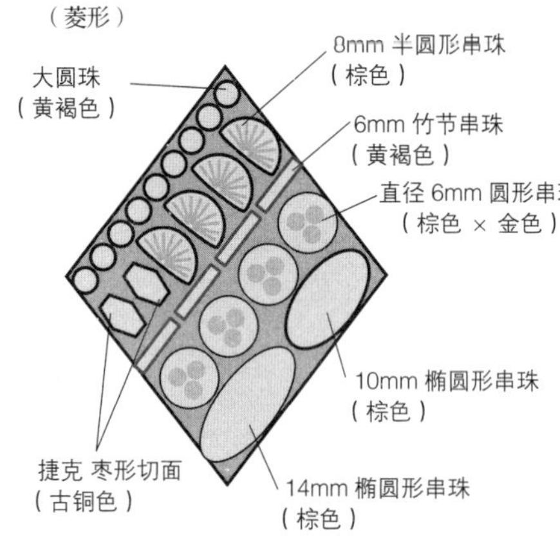

※ 边缘处米粒珠（玳瑁色）

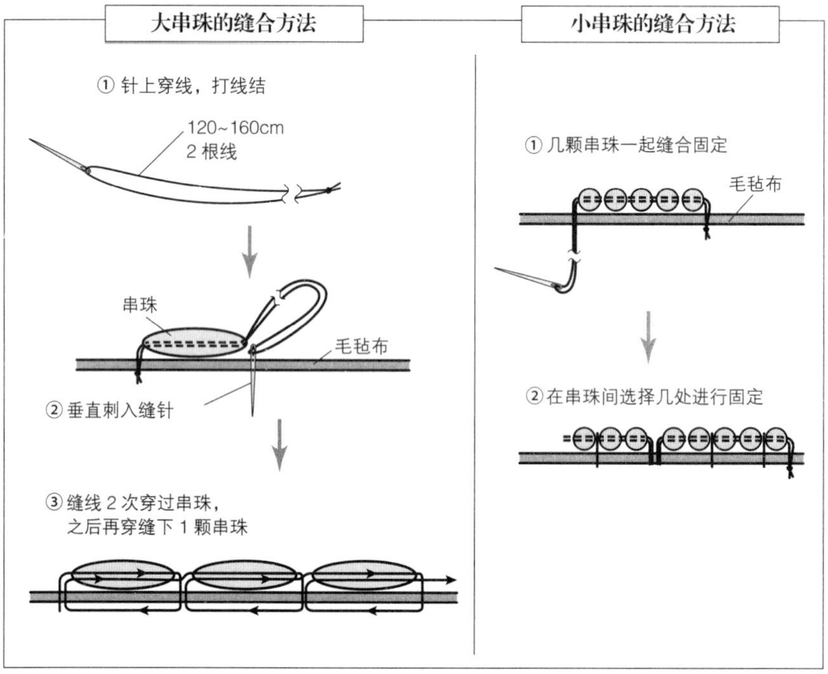

边缘处的卷针缝　※ 为了清楚明了用 1 根线进行解释，但书中作品均用 2 根线

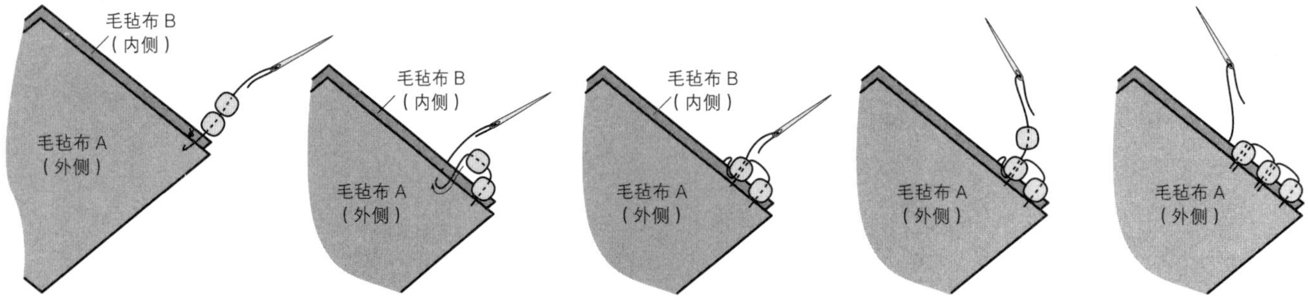

① 由毛毡布 A 的内侧入针并打线结，抽针后穿 2 颗串珠

② 由毛毡布 A 的外侧入针，在毛毡布 B 的外侧出针

③ 由下而上穿第 2 颗串珠
※ 毛毡布不做缝合

④ 穿 1 颗串珠

⑤ 重复步骤②～④

3. 安装胸针

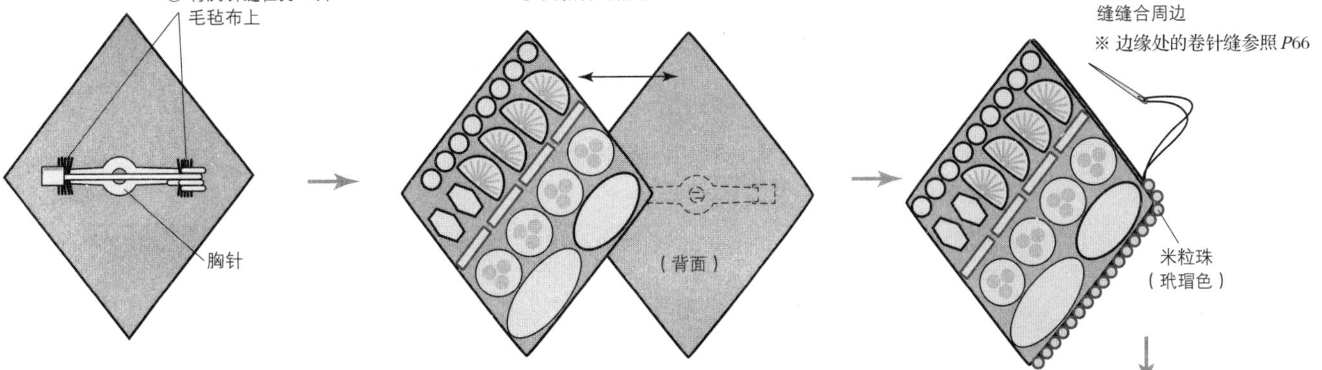

④ 穿丝带

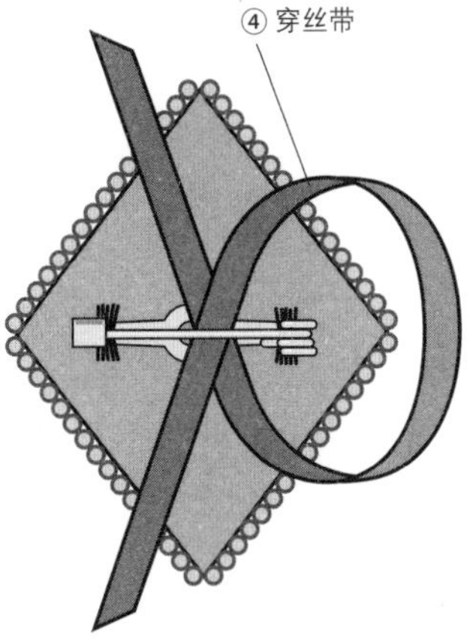

串珠的形状与颜色

〔方形〕
※ 边缘处米粒珠（紫红色）

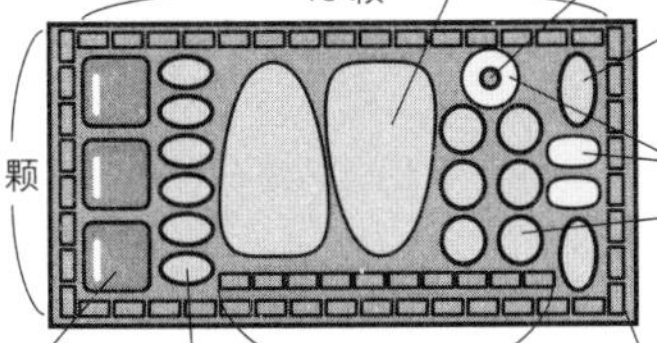

〔红心〕
※ 边缘处米粒珠（红色）

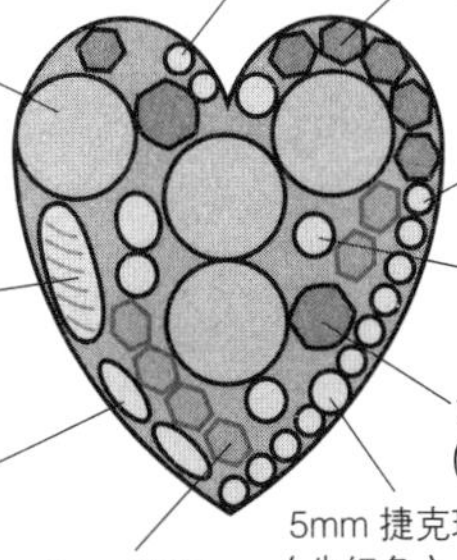

〔梅花〕
※ 边缘处米粒珠（绿色）

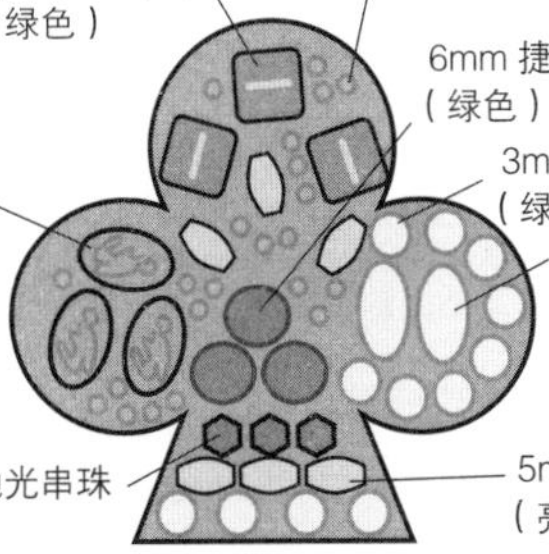

〔黑桃〕
※ 边缘处米粒珠（金属蓝色）

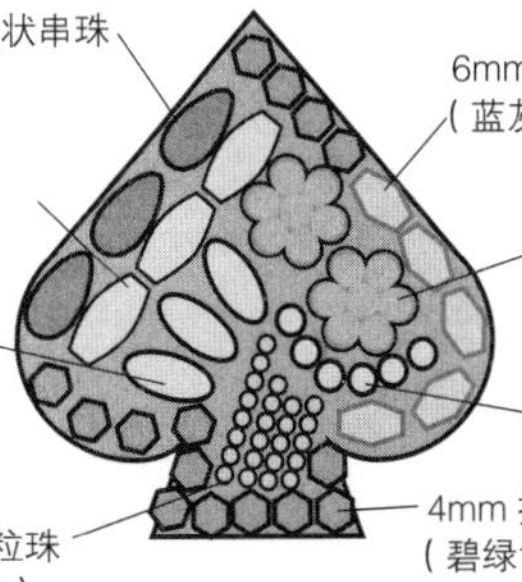

〔椭圆形〕
※ 边缘处米粒珠（黑色）

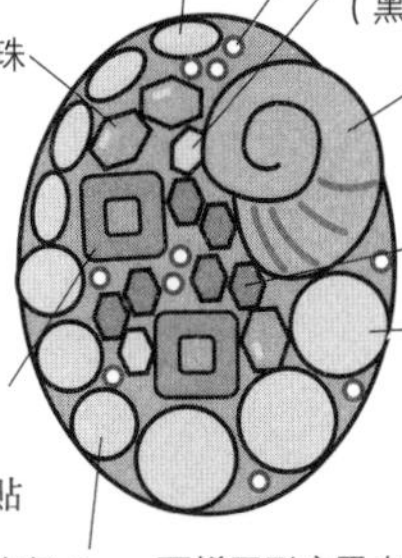

No 19

梯子形编织的民族风手链

材料

【黄色】
4mm 天然水晶 18 颗（黄色），圆形大米粒珠 12 颗（暗金色），合金管状饰件 7mm（暗金色）9 个，直径 16.5mm 纽扣（暗金色）1 个，2mm 皮绳（黑色）70cm，串珠专用线（黑色）200cm

【蓝色】
4mm 天然天青石 18 颗，圆形大米粒珠 12 颗（暗金色），合金管状饰件 7mm（暗银色）9 个，直径 16.5mm 纽扣（暗银色）1 颗，2mm 皮绳（黑色）70cm，串珠专用线（黑色）200cm
※ 使用串珠针

完成尺寸
全长约 25cm

1. 参照 Lesson1（*P*13）做梯子形编织

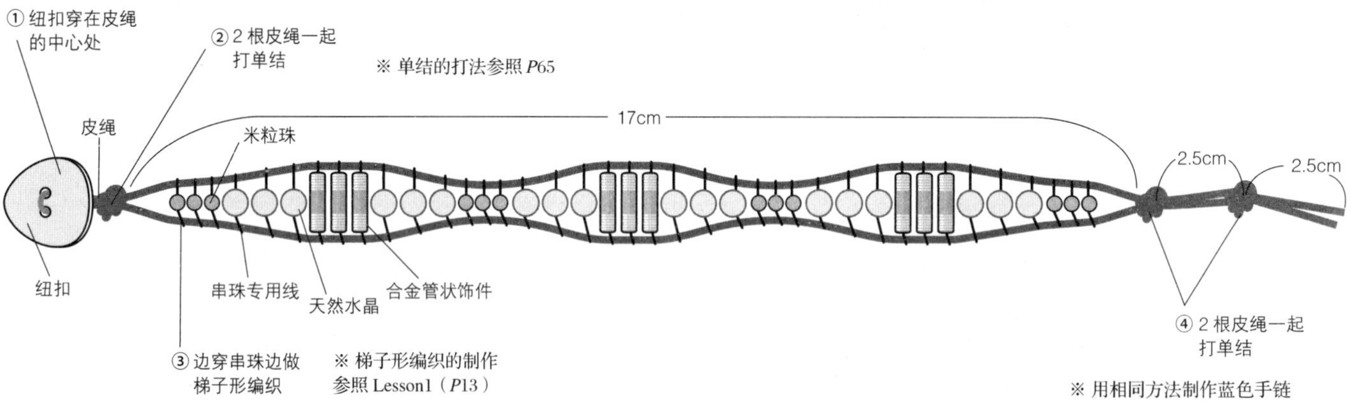

实物大纸型 ※*P*66 胸针、手链

No 20

梯子形编织的时尚手链

材料

直径 3mm 圆形大米粒珠(古铜色)70 颗、(a 色)78 颗、(b 色)20 颗、(c 色)18 颗，0.8mm×4.5mm 圆环(暗金色)8 个，固绳扣 6mm(暗金色)2 个，OT 扣(暗金色)1 组，1.2mm 圆皮绳(古铜色)100cm，串珠专用线(棕色)300cm

※a 色、b 色、c 色分别参照下表

※ 使用串珠针、平嘴钳

完成尺寸

全长约 18.5cm

1. 参照 Lesson1(*P*13)做梯子形编织

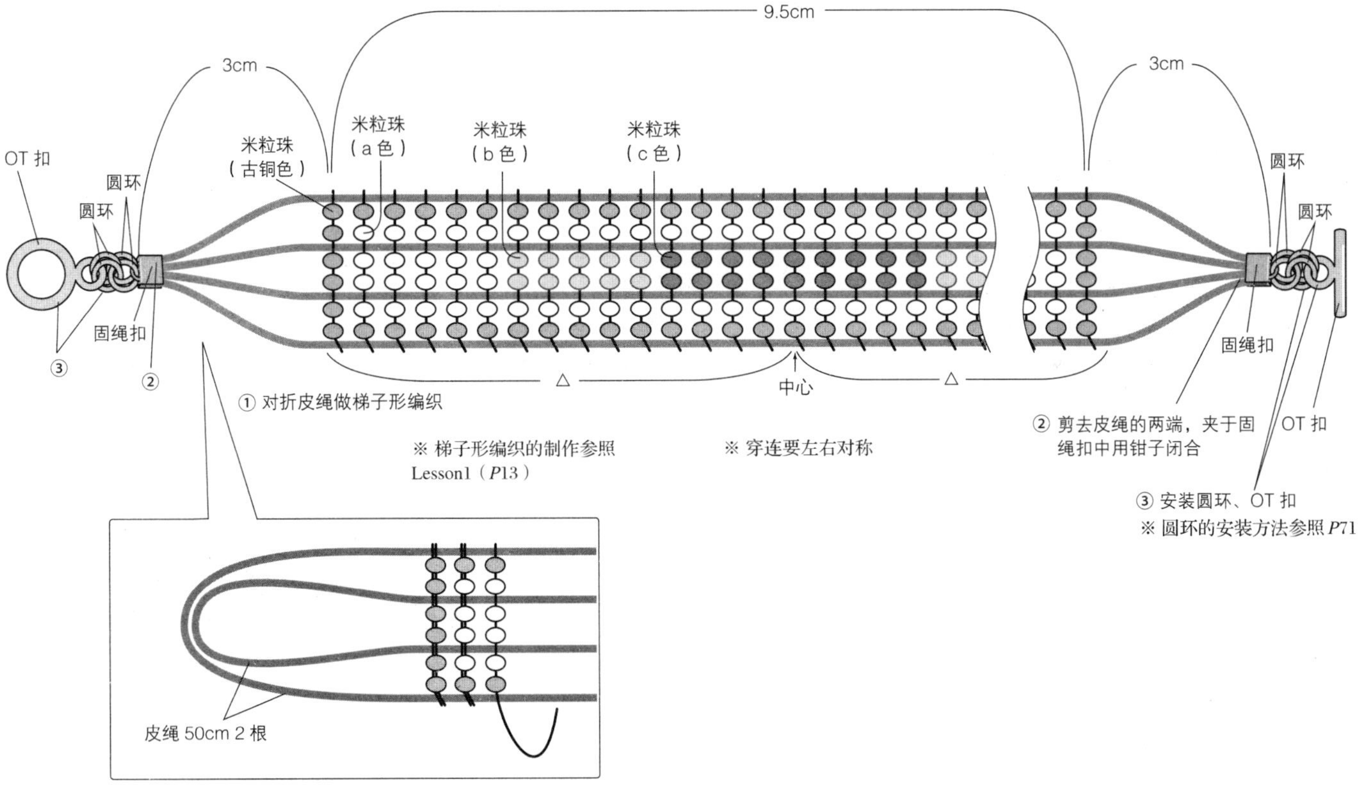

※ 梯子形编织的制作参照 Lesson1(*P*13)

※ 穿连要左右对称

※ 圆环的安装方法参照 *P*71

圆形大米粒珠的颜色

	A	B	C	D
a 色	灰白色	酸橙绿色	白色	亮红李色
b 色	黄色	绿色	银色	亮紫玉色
c 色	金黄色	碧蓝色	棕色	紫玉色

№ 21

钻石链与缠线手镯

材料

【黑色】
约 4mm 有脚钻石链（黑色钻石）约 14cm，宽 12mm 黄铜手环（金色）1 个，25 号刺绣线（黑色）860cm，黏合剂 少许

【彩色】
约 4mm 有脚钻石链（黑色钻石）约 13cm，黄铜手环（金色）1 个，25 号刺绣线（白色、灰色）各 190cm，（黄色、粉色、蓝色、绿色）各 150cm，黏合剂 少许

完成尺寸
参照图示

黑色

1. 将有脚钻石链固定在手环上

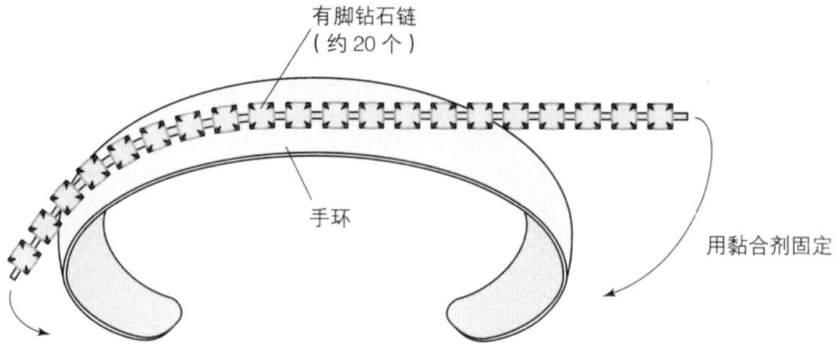

2. 缠绕刺绣线

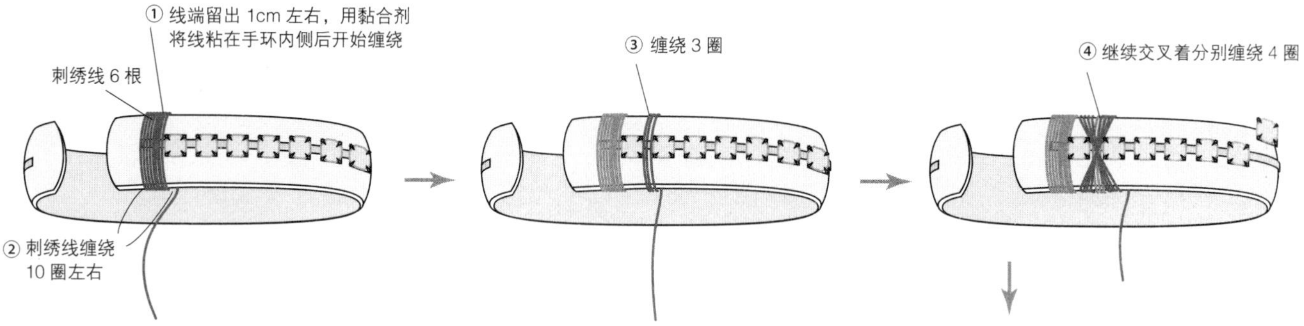

⑤ 用相同方法重复进行

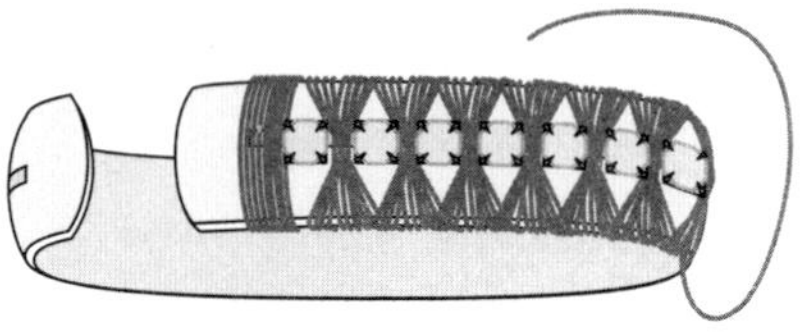

⑥ 线端涂抹黏合剂后，藏于缠绕的线圈内

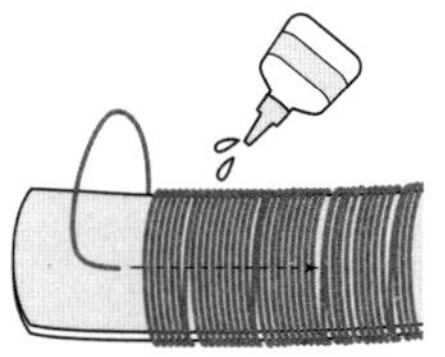

彩色

与黑色相同方法制作。各种颜色分别交叉 3 次缠绕

※ 变换色线时，先与相邻色线在手环的内侧打 2~3 次结后，再做缠绕

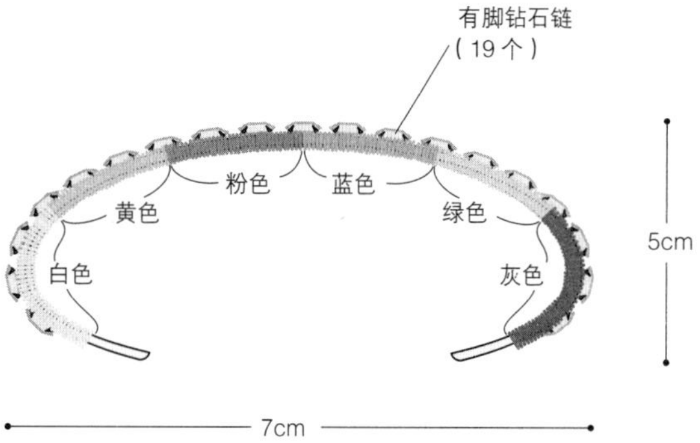

有针饰件的制作方法

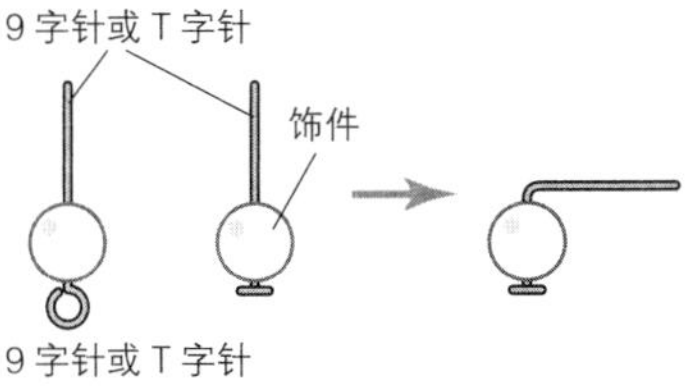

① T 字针（9 字针）穿过饰件，将其下端做 90° 弯折

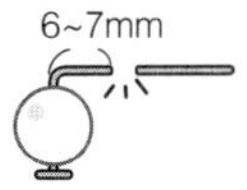

② 下端预留 6~7mm，剪去多余之处

※ 使用长针时方法相同（P50）

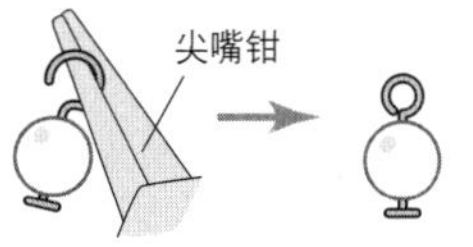

③ 尖嘴钳夹着针端，旋转手腕，使之呈环状

※ 开闭有针饰件的环圈和其他饰件相连时，参照以下开闭要点

圆环、有针饰件等的开闭要点

※ 参照 P39 步骤 5

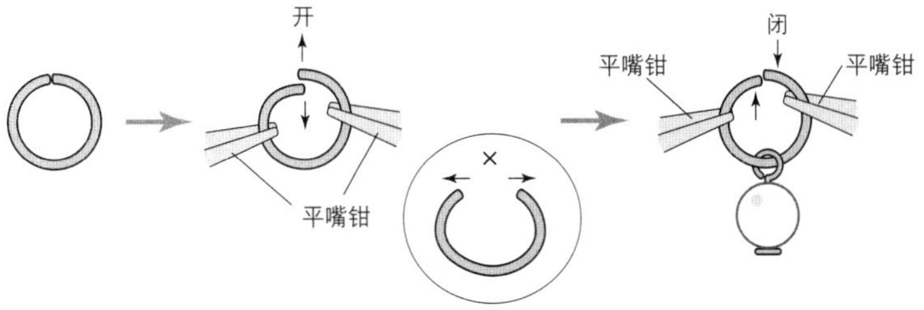

连接圆环、有针饰件时，要开闭环圈。这时注意不要破坏环圈的形状，用平嘴钳上下错开进行开闭。如若左右掰开，环圈容易变形。

穿过饰件后上下闭合

铆接固定扣的安装方法

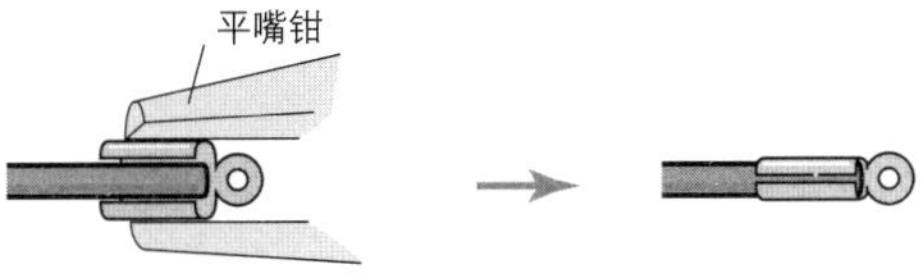

① 根据线绳的粗细，用平嘴钳夹着箍紧

② 如若涂抹少量黏合剂会粘得更牢

包线扣的使用方法

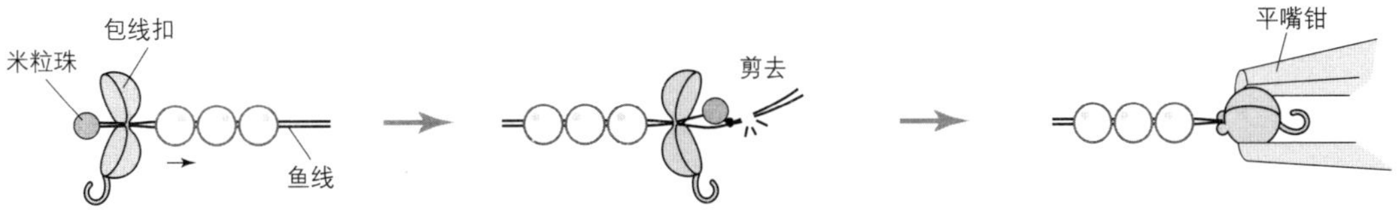

① 开始时将米粒珠穿在鱼线的中心处，之后对折鱼线，依次穿连包线扣、串珠

② 结束时将其中的 1 根鱼线穿过米粒珠后，打 5~6 次结，剪去多余鱼线

③ 用平嘴钳闭合包线扣（①的包线扣也要闭合）

花式三股辫

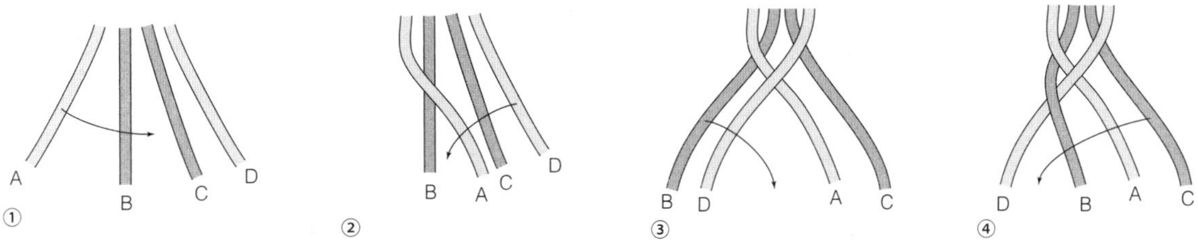

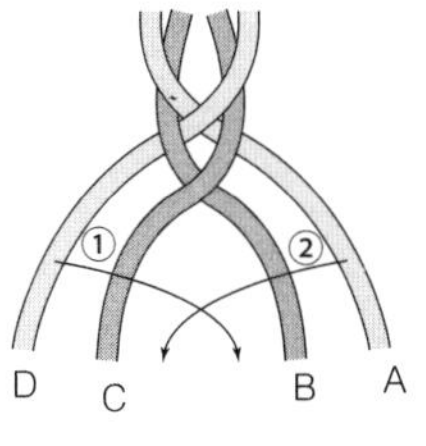

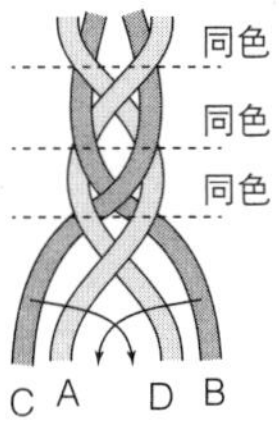

⑥ 同色交叉

图书在版编目(CIP)数据

最精美的手编饰物集锦/（日）阪本敬子著；乔滢，于勇译.—郑州：河南科学技术出版社，2015.7
ISBN 978-7-5349-7835-7

Ⅰ.①最… Ⅱ.①阪…②乔…③于… Ⅲ.①手工编织–图集 Ⅳ.①TS935.5-64

中国版本图书馆CIP数据核字（2015）第137225号

出版发行：河南科学技术出版社
地址：郑州市经五路66号　　邮编：450002
电话：（0371）65737028　65788613
网址：www.hnstp.cn
策划编辑：刘　欣
责任编辑：刘　瑞
责任校对：耿宝文
封面设计：张　伟
责任印制：张艳芳
印　　刷：北京盛通印刷股份有限公司
经　　销：全国新华书店
幅面尺寸：213 mm×285 mm　　印张：4.5　　字数：120千字
版　　次：2015年7月第1版　2015年7月第1次印刷
定　　价：36.00元